タコと日本人

獲る・食べる・祀る

平川敬治

弦書房

〈本扉写真〉
貝製イイダコ壺（兵庫県明石市）

目次

第二章　タコに騙される――言葉と食……131

はじめに

日本人にとって海の生き物であるタコは、姿形もユーモラスで、食としても身近なものであることから親しみを持たれている生き物のひとつである。国民食と言ったら大袈裟かもしれないが、「タコ焼き」は広く愛されている。

何やら人をも連想させるそのイメージを浮かべるだけで、笑いがおきる生き物である。日本は今日、世界最先端のアニメ発信地だが、第二次大戦前の古い漫画で、『のらくろ』の作者田河水泡が書いた『蛸の八ちゃん』を覚えている人もあろう。こんな話を持ち出さなくても、親しみを持つタコの歴史は長い。

また、日本では「海の忍者」と呼ばれるように、敵に対して墨を吐いたり、あるいは「タコの七変化」として知られるように、岩場、あるいは砂地など周囲の環境に合わせて体色を変化させ、体を合わせることを得意としている。

さて、そのタコの生物学的な位置は、姿形はずいぶんと異なるが貝類と同じ軟体動物門（Mollusca）に入り、頭の前に足がつくイカと同じ頭足綱（Cephalpoda）に属し、足が八本という八腕形目（Octopoda）に分類される海底を這いずる底生性の生き物だ。

このようなタコは世界中で二〇〇種、日本近海だけでも五〇種以上は棲息するが、もちろんこのすべてを食用とするわけではない。食用以外のタコの中には、地球温暖化のせいか最近日本海側の地域で姿が見られるようになった、本来は相模湾から南の太平洋岸にしかいない猛毒をもつヒョウモンダコもいる。

食用にするタコは、最も一般的なタコであるマダコ科に属する、寒海産のミズダコ（Par octopus dofin）、暖海産のマダコ（Octopus vulgaris）、テナガダコ（Octopus luteus）、イイダコ（Octopus ocellatus）の四種が主となっている。

今日世界的規模で進行している食のグローバル化に伴い、食としてのタコ利用はもう少し広がるが、文化としてタコを漁獲し、食用にする民族はそれでも世界的には限られている。

まず、ユーラシア大陸の東、東シナ海を中心とする地域で日本、朝鮮半島、中国などの一帯。次にミクロネシア、メラネシア、ポリネシアなどの広大な太平洋の地域、それからユーラシア大陸の西、地中海を中心とするヨーロッパとアフリカの地域、インド洋の西端でアフリカ大陸の東のマダガスカル島、地中海地域及びアジアからの移民が多いアメリカ大陸西海岸、メキシコ、カリブ海周辺である。

この中で新大陸であったアメリカはヨーロッパ、アジアからの移民によって持ち込まれた比較的に新しい習慣で、これを除く他の地域が食としての利用は古い。

この食利用という点で、目を世界に向けると地域によって様々な人との関係が見える。

いずれにしても、日本はそのタコ食用文化圏ともいうべき世界の北限に位置しているし、そのタコを獲る手段も実にバラエティに富んでいる。多様性が認められ、かつ他の魚と同様に極めて貪欲に食している。タコの消費量も年間十数万トンに達し、世界の漁獲量の三分の二以上を食べる世界一のタコ食の国なのだ。海底探検家として知られたクストーも、日本人がタコを一番好きだと論評している。

もちろんタコもご多分にもれず、国内ものより外国からの輸入量が圧倒的で、アフリカ沖から輸入されているものも多く、国内ものより十倍もの量となっている。ここもかつては日本の漁師が漁をしていたが、今日では現地の人々が漁をし、日本に向けて発送されている。

また、食利用から離れて生き物としてのタコを見ると、その姿形が水界の世界に生きるものというより陸の生き物にも似ているが、その印象は同じ頭足類であってもイカよりも強い。基本的にイカは海中を泳ぐ遊泳性であるのに対し、タコは底を這いずる底生性の生き物で、水と陸のおのおのの世界を超えた両義性をもつ。境界域の生き物であり、ファジーなものだ。

だから、それに対する人の対応が世界的には大きく異なる。そして好みがはっきりと分かれる。姿を見ただけでも、幻惑され、騙されるのだ。

この関係を調べると実に面白いし、人と生き物、大きく言えば環境との関係が見えてくる。タコをどうして食べるのかというテーマもそうした対応の違いから理解できる。騙し、騙されるとしているが、この関係が人とタコの間に流れている。

漁撈活動は騙しであるし、食と民話などの生活に関する様々な出来事はタコから騙されるという側面をもっているのではなかろうか。騙し、騙されるという関係がまさに文化なのだ。

ここでは、主に日本を中心に、広大な太平洋が広がるオセアニア、地中海を中心にした世界など比較文化史的に追っていくことにしたい。

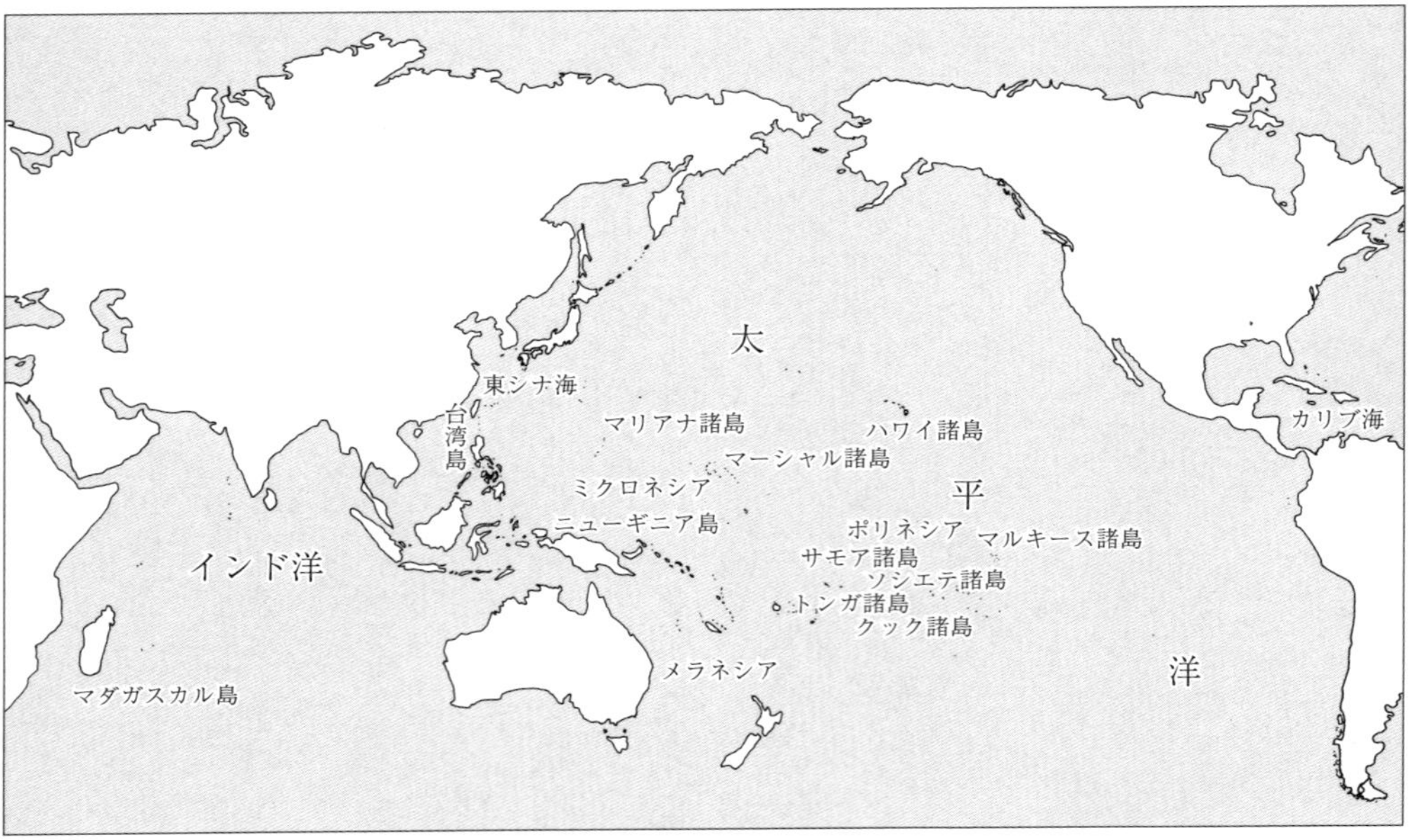

タコを食べる文化をもつ地域——太平洋沿岸とインド洋沿岸

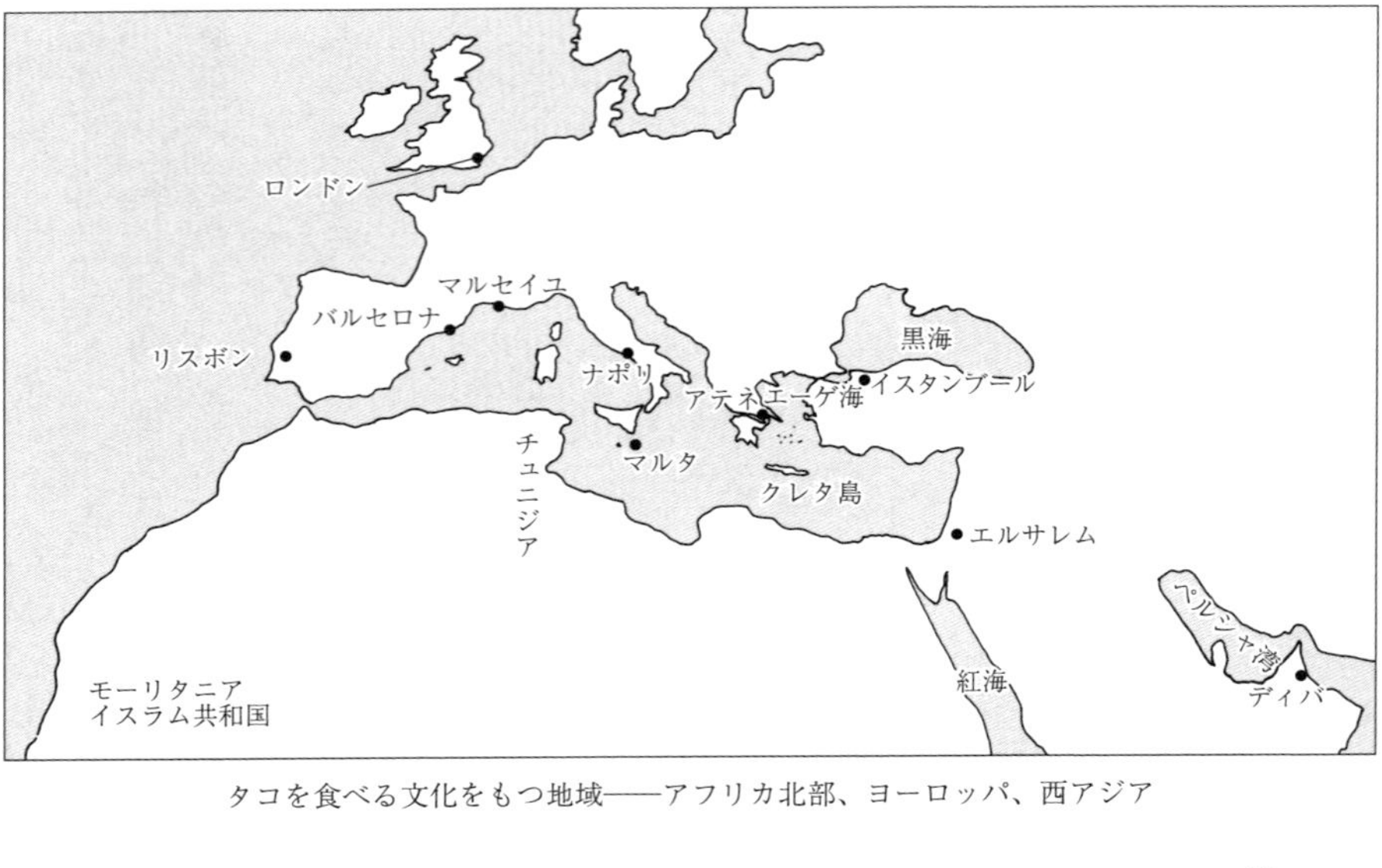

タコを食べる文化をもつ地域——アフリカ北部、ヨーロッパ、西アジア

第一章　タコを騙す――漁撈

一　タコを獲る

タコを獲る漁の対象となる四種の主なタコについて少し説明したい。この中で、唯一寒海性のタコがミズダコである。後の三種はいずれも暖海に棲息する。

まずミズダコは、タコ類の中で最も大型で全長三ｍにもなり、体重は三〇㎏を超えるものもときとして見られる。朝鮮半島、千島列島、アラスカ、北アメリカ大陸太平洋岸の亜寒帯域、日本では太平洋岸では南は相模湾より以北、日本海岸では福井県以北、北海道にかけての水深二〇〜五〇ｍの場所にいる。

最も一般的に見られるのがマダコで、学名の「ありふれたタコ」を意味するように、世界中の温帯沿岸域に広く分布する。世界的に最も食用として利用されているタコである。日本でもマダコ＝真タコと呼ばれる。タコと一般的に呼ぶ場合はマダコだ。全長六〇㎝ほどになり、本州南部より南の潮間帯から水深五〇ｍほどの岩場に棲む。

テナガダコはその名のように脚が長いのが特徴で、とくに第一腕はとても長く全長七〇㎝にもなる。テナガ（手長）ダコという呼び方が一般的だが、所によってはアシナガ（足長）ダコ、あるいはヘビダコとも呼ぶ。日本各地の水深一〇〜一〇〇ｍほどの砂地・泥地に棲息し、とくに瀬戸内海に最も多い。また、韓国では盛んに利用されるタコでもある。海底の砂地・泥地に体を潜り込ませ、必要に応じて足を出して餌を獲るという習性をもつ。

イイダコは小形のタコで、北海道南部から九州、中国大陸の海域までの水深一〇ｍほどの内湾に棲息している。

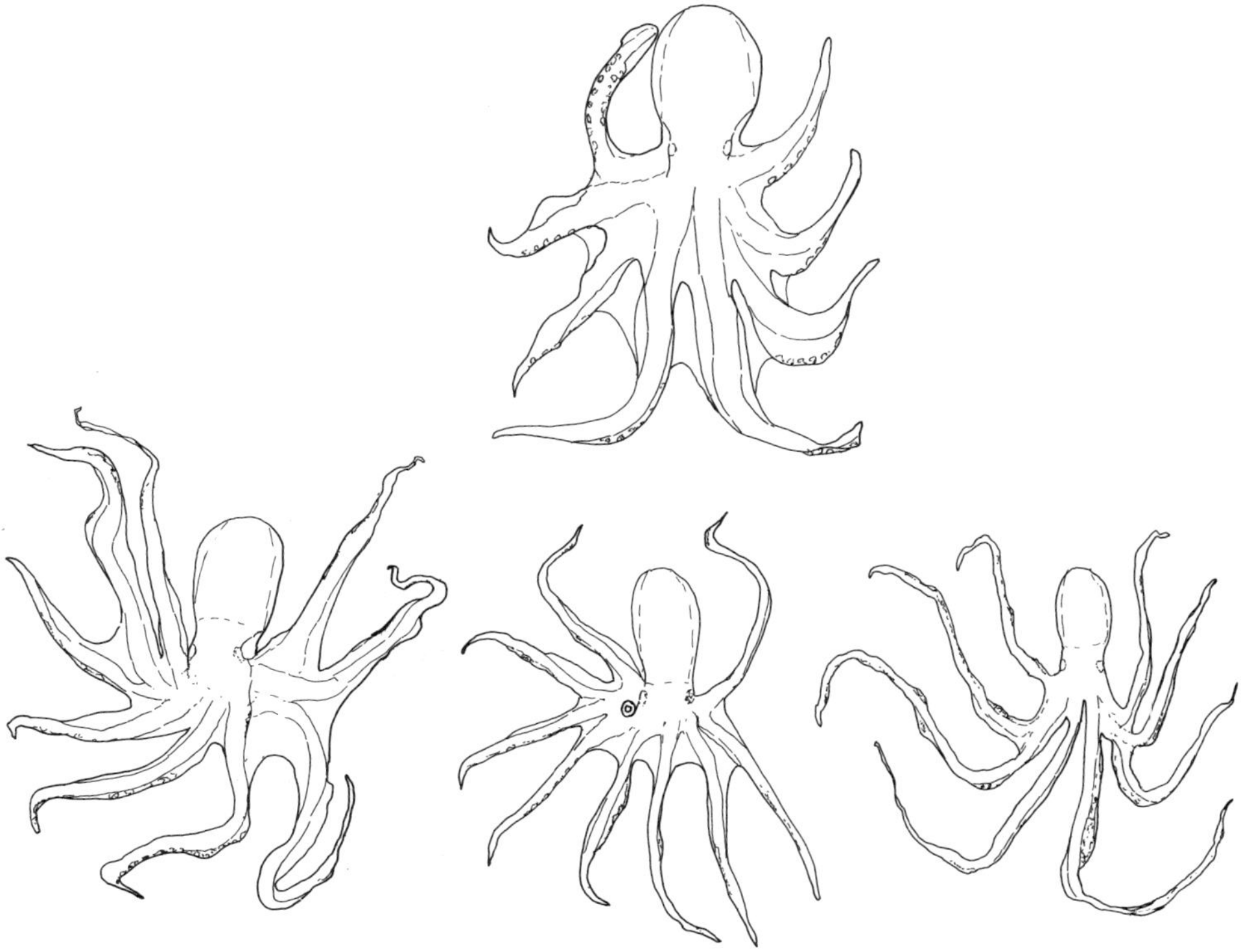

タコ（上－ミズダコ、下左－マダコ、下中－イイダコ、下右－テナガダコ　縮尺不統一）

伸ばしたミズダコの脚

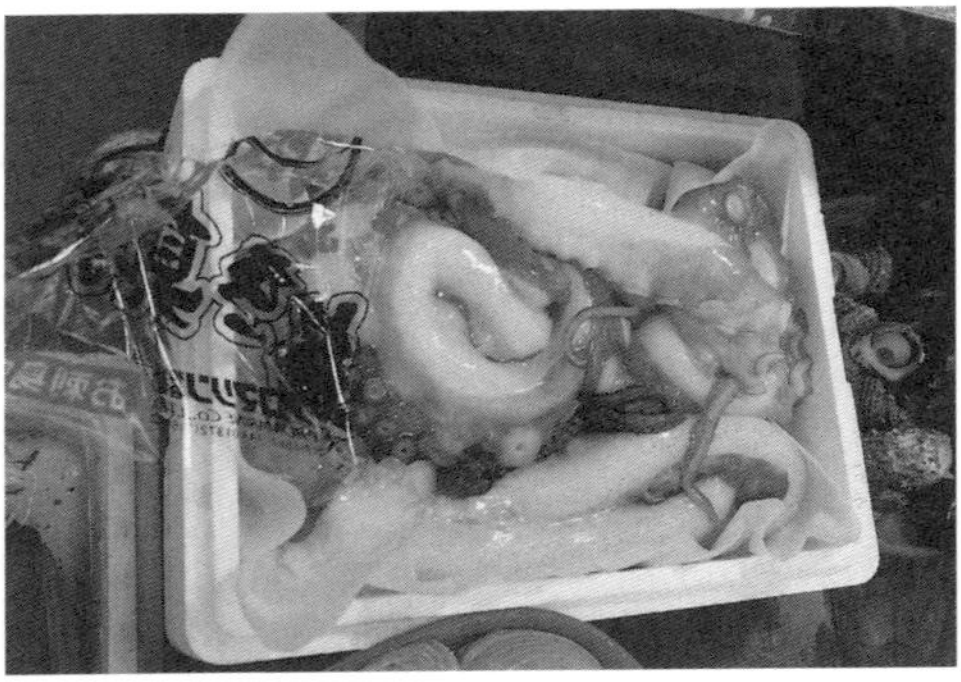

ミズダコ

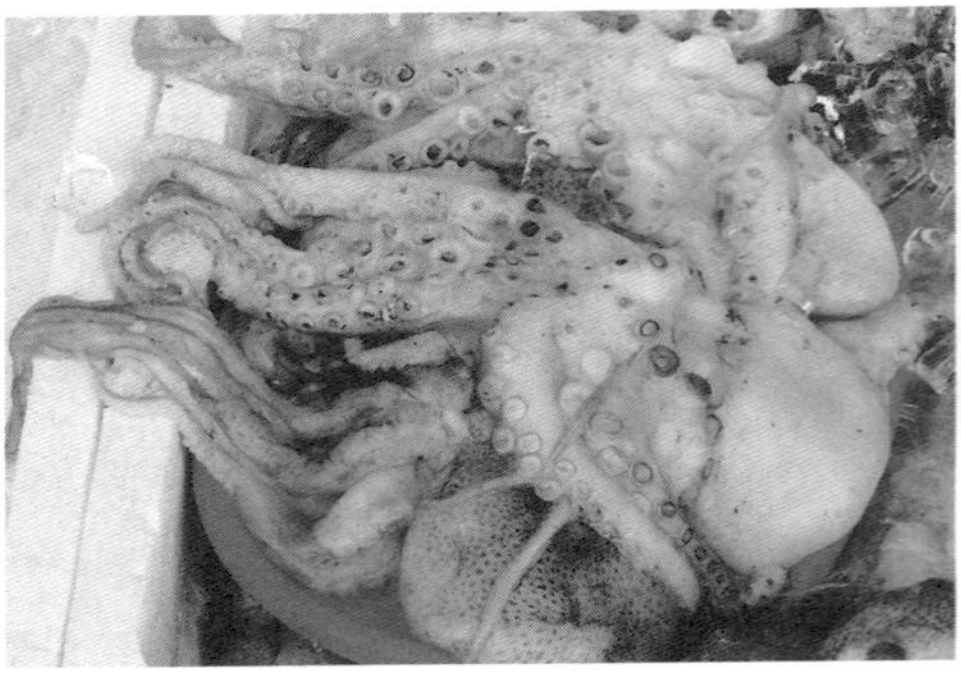

イイダコ

マダコ

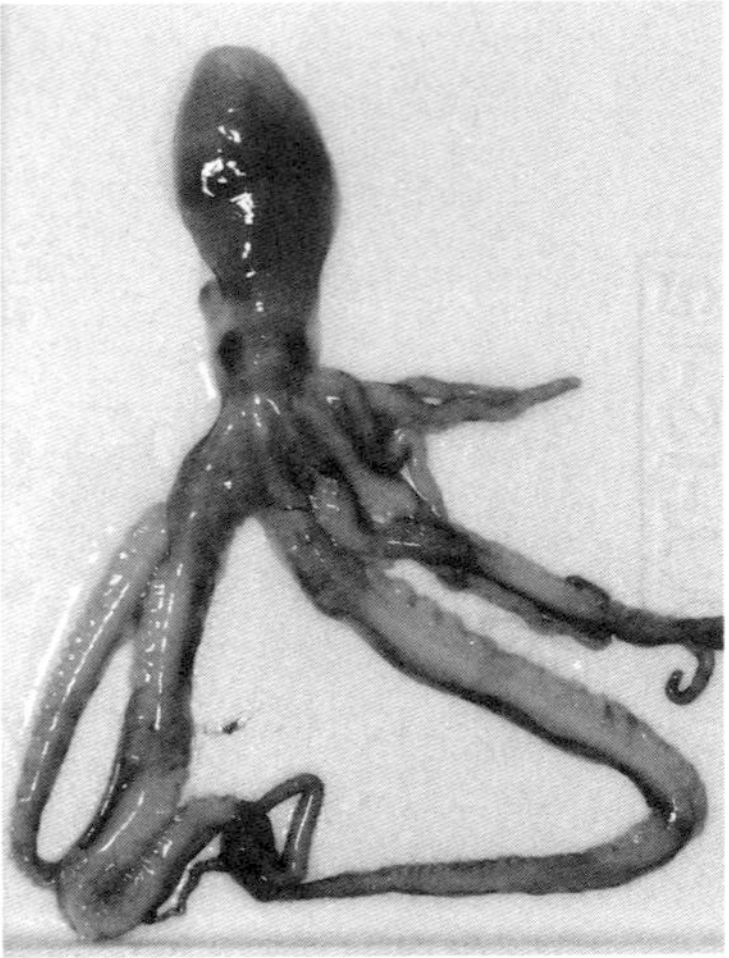

テナガダコ

イイダコの語源は産卵期になると腹部に一杯に詰まった卵を持ち、これが飯（いい）状に見えるところから名付けられている。

自然を相手に暮らす漁師は生き物の観察に長けているが、福岡県ではマダコのことを「岩ダコ」、イイダコのことを「潟タコ」、テナガダコのことを「砂ダコ」とも呼んで的確に棲息地を把握している。

いずれのタコでも雌雄異体で、学名である「オクトパス」の言葉の由来のように八本の脚があり、内、二本は生殖器である。行動は夜行性で昼間は岩場、砂地、泥地に身を隠しているが、夜間は餌を求めて徘徊をする。餌はエビ・カニなどの甲殻類が大好物で、その他アサリ、アワビなどの貝類も餌とする。成長するために貪欲に餌を獲り、とくに梅雨の頃から成長が著しく、二週間ごとに倍に成長するといわれる。

日本では食用目的となるタコは、タコ壺漁の他、ヤスなどの突き刺す道具を使用する刺突（しとつ）漁、あるいは釣り漁、網漁などの様々な漁法によって漁獲されているのだが、やはりタコといったらタコ壺が真っ先に浮かぶようにこの漁が一般的なイメージであろう。ただし、これはマダコ、イイダコ用である。

ミズダコは大型のタコであるため、通常の焼き物のタコ壺ではなく、タコ壺と同じ原理を利用したものだが、壺に代わってタコ箱と呼ぶ大型の木箱を使用した漁具を用いる。タコ壺ではなくタコ箱とでも呼べようか。その他に手釣り漁、延縄（はえなわ）漁、刺突漁でも漁獲されている。

唯一テナガダコは他の三種のものと違い、砂地に潜り込む習性を持つために、獲物を容器などに落とし込む漁法であるタコ壺を使用して獲ることはできず、もっぱら釣り漁、網漁によって漁獲されている。

このようなタコだが、タコは意外にといったら失礼になるが、岩礁に棲息するイセエビ、アワビなど人にとって商品として高い値をはる漁獲物を好む。その点でタコと人は競合関係にある。

イセエビは天敵のタコを最も恐れる。外観だけ見るとイセエビは固い甲羅によって覆われているが、タコに襲われたら一目散に後ずさりするしか助かる道はない。タコに捕まったら、固い甲羅も鋭いカラストンビの口で砕かれてしまい、簡単に食べられてしまう。見かけは厳めしくガッチリとしているが、見かけ倒しなのだ。

三重県の鳥羽一帯の海は「伊勢エビ」という名の通り、イセエビが多く棲息するが、それを好物とするタコも多いことで知られ、かつては全漁獲量の八〇％以上をタコが占めていたこともあるほどのタコの名産地である。そのタコを脅しとして竿の先に使いイセエビを獲る漁法も見られる。

また、日本に限らず、イタリアのヴェスビオ火山の噴火によって埋没した古代ローマ都市のポンペイの壁画の中央にもタコがイセエビにしっかりと巻き付いた姿が残されていた。洋の東西を問わず、エビとタコとの関係は知られている。

タコがアワビを獲るときは、足でアワビの呼吸口をしっかりと塞ぎ、苦しくなったアワビが岩から離れるやものにしてしまう。中々の知恵者である。タコの潜む岩穴などには、これらの残骸が残っており、潜水漁などでタコを狙う漁師にとっては、逆にタコがいる目印となっている。

タコの天敵はウツボで、遭遇したら墨を吐いて一目散に逃げるしかないが、鋭い歯によって脚を噛みきられたものも多い。タコの好物のイセエビは、タコの天敵と知ってか知らずかウツボと共棲していることも多い。

タコに限らず、人は様々な知恵を出して、獲物を狙う。その場合対象となるものの生態を熟知し、それを上手く利用することによって糧を得る。

伊勢エビにからむタコ
（イタリア　ポンペイのレストラン、モザイク復元画）

漁師はある意味で最大の自然観察者なのである。言葉悪く言えば、騙しのテクニックが漁である。うかつにも騙されたタコは人に食されることになってしまう。

タコ漁もそのような点から見て興味深いが、その中でも貝殻を漁具として使うイイダコ壺漁は、タコの一種であるイイダコを狙うものだが、やはり不思議なものであろう。この漁は日本独自の漁のスタイルである。

タコのずっと祖先は貝類の仲間であったのだが、それにしてもタコの習性を巧みに利用したものだ。

貝から脱したタコは穴に潜む習性があり、それを利用したのが人工的に造りだしたタコ壺である。言わば安寧の地であるはずの住居を提供することによってタコを手に入れる。

手釣り漁はタコ壺漁とは違い、擬似餌にしろ、実際の本物の餌にしろ、タコに餌をちらつかせることによって、食べ物に魅せられて巻き付いてきたタコを引っ掛けて獲る。

それにはもちろんカニなどの好物の他、アワビなどの貝殻を利用するものが地域を超えて広がっている。タコは貝類に弱いのかもしれない。

人にとっての基本は衣・食・住と言うが、タコはもちろん衣は必要としないが、タコ壺漁は住、手釣り漁は食提供ということになろうか。

どのようにして人は対象となる獲物の習性を経験的に熟知し、手に入れてきたのか興味深い。この漁の在り方をじっくりと見ることによって、様々なものが理解できるのではなかろうか。

ここでは代表的なタコ漁であるタコ壺、手釣りの漁についてタコと人との知恵比べ、騙しのテクニックをじっくりと検討することにしたい。

二 タコに住まいを提供するタコ壺漁

タコ壺漁の起源と分布

タコという特定のものを漁の対象としようとしたら、タコの行動を人が知識として把握するという事がまず行われよう。

では、マダコ・イイダコを、タコ壺で捕獲するという発想はなにから得たのであろうか。タコは単に好奇心が強いからというだけのものではない。マダコ・イイダコは岩礁などの自然の穴に潜むという性質を持ち、ここを根拠地にし、海底に棲息する貝類、甲殻類などを餌にするために、主に夜間に餌を探し求めるという習性がある。

イカ・タコは貝類を祖先とする。イカの一種の甲イカのように、退化した石灰質を持つものもある。タコが孔の中に潜んでしまうという習性は祖先が貝であったことからなのだろう。

海の生き物であるヤドカリも、巻き貝の殻に身体を突っ込んでいるが、これまた習性なのだろう。

見突き漁というタコ漁は、穴に潜んでいるタコを、海上からヤスなどを用いて捕獲する漁である。タコのいる穴の前にはタコが食べたと思われる貝殻が散らばっているので、タコが穴にいることを確認して漁をおこなう。

そういう性質を、恣意的な目的をもって人が人工的に作りだしたものがタコ壺だ。とくに、イイダコでは、貝殻に卵を産みつける性質も合わせもっているのでなおさらである。

発想としては、海岸などで貝の中に入っているイイダコを見たり、岩礁の穴に潜んでいるものを見たりした経験が積み重なったものではないかと考える。また、海中に転がりこんだ甕などに、偶然にタコが入っていたこともあったであろう。

それから考えると、タコ壺漁では、マダコよりもイイダコの方が古いのではないかと思う。

イイダコは内湾の砂・泥地に棲息するが、そこはイイダコ壺に使う素材のサルボウ、アカニシ、テングニシなどの貝類も豊富だ。棲息域が重複している。貝採集に出かけた人が、貝の中に入ったイイダコに遭遇する確率もかなり高い。この経験を生かして、貝を利用してイイダコを獲ろうと考えるのが自然であろう。

漁具としての貝殻製のイイダコ壺は、今日の漁でも主体だ。イイダコ壺に使う貝は身を食料にし、貝殻はタコ壺に再利用する。

そうしたことから、イイダコというのは貝の壺を使用するというのが漁の決まりである。そして一部の地域でのみ、土製のイイダコ壺が使われているのが実状だ。

考古学的な検出が多い土製のイイダコ壺は、実はその漁の主体ではないのである。

一般的には土製、つまり焼き物のイイダコ壺の方がピンとくる人は多いかもしれないが、イイダコ壺は貝殻製が一般的なのだ。貝で作るというのが前提にあって土製のイイダコ壺、マダコ壺が作られるようになったと考える。

土製のイイダコ壺は、弥生時代の中期には大阪湾に専用の道具としてまず出現する。そして播磨灘へ、後期になると備讃海峡、終末から古墳時代初頭にかけては、瀬戸内海を出て九州の玄海灘に面する博多湾まで瀬戸内ルートに沿って広がりを持つ。マダコ壺も、同じ時期に大阪湾に出現し、奈良時代には同じく備讃海峡にまで広がるが、他地域では今の所不明である。

土製のイイダコ壺・マダコ壺を漁に使う伝統を持つ中心地は、大阪湾・播磨灘だ。なぜ貝製を主体とするイイダコ壺の中で、大阪湾を中心として土製

貝製のイイダコ壺と土製のイイダコ壺（玉名郡長洲）

イイダコ壺が出現したのであろうか。
その理由は容器としての大きさの問題と、マダコ壺の存在があると思われる。とくに土製のイイダコ壺の場合、形も塩を作るための道具である製塩土器との関連性が見られ、容量も円筒型と近い。塩作りの為の道具である製塩土器との関係で土製を使い出したのかもしれない。土製イイダコ壺の製作の背景には、マダコ壺の製作もあろう。
マダコ壺は貝製では大きさの点でも漁具としては適さず、今日でも土製の延長である陶器製、それからプラスチック製が主流だ。マダコ壺の発生は、イイダコ壺とほぼ同じ時期で、マダコ壺が出土する遺跡はイイダコ

マダコ壺（左側）と貝製のイイダコ壺（島原市湯江）

道越岸壁のイイダコ壺

壺も出土する。マダコ壺とイイダコ壺の製作は、ここで同時に始まったのではないか考えている。

今日でも、窯業者はイイダコ壺とマダコ壺の両者を製作し、イイダコ壺専門の窯業者はいない。大型のマダコ壺の製作が、イイダコ壺の土製化をより促進したと考えることができるのではなかろうか。

土製イイダコ壺を漁に用いることは少ない。また考古学的な土製イイダコ壺が出土しない分布地域圏で、貝製のイイダコ壺の中心的な地域である有明海沿岸に位置する佐賀県神埼市千代田町にある詑田西分（たくたにしぶん）貝塚で、わずかではあるが弥生時代中期の貝製イイダコ壺出土例が知られる。

いずれにしても土製の壺はあくまで人工的な環境であって、より自然の状態に近い貝殻利用の壺が、漁に対する適応範囲が広い。それになんといっても貝の身を取った残りの貝殻を再利用でき、わざわざ専用の土器を作る必要はない。イイダコの生態から考えても自然ではなかろうか。

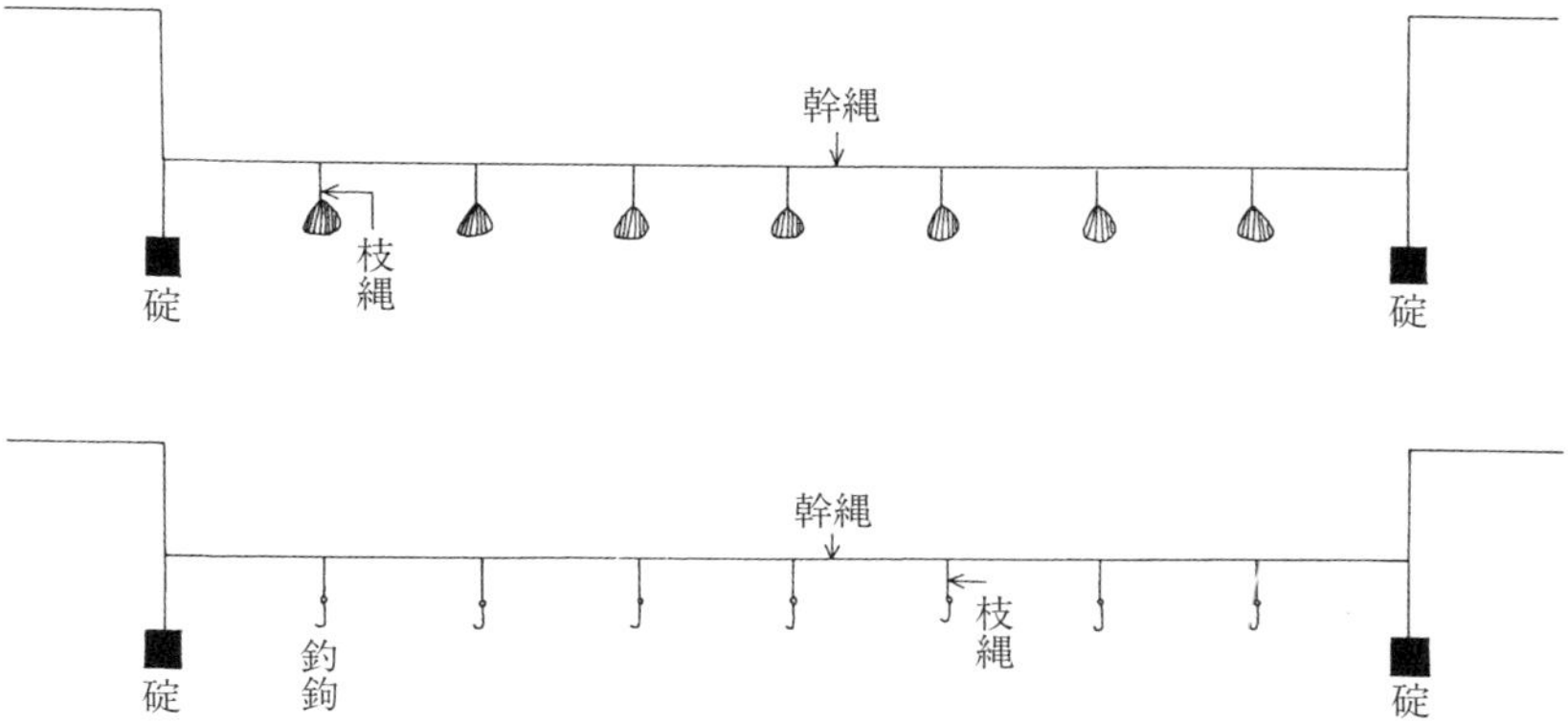

漁模式図

貝殻を使うイイダコ漁

イイダコ壺漁は、釣り漁の一種である延縄(はえなわ)漁のように長い幹縄を延ばし、適宜に間隔をあけて枝縄を付ける。延縄漁では枝縄の先に釣鉤(つりばり)を取り付けるが、イイダコ壺漁では、そこに貝殻を使用したイイダコ壺を付け、イイダコを獲る。イイダコに対して行使される様々な漁法の一つで、漁具としては貝の他に土製もあるが、一般にはマダコを含めて「タコ縄」とも呼んでいる。

貝殻を漁具に使用するということを不思議に感じる人は存外に多いかもしれないが、実はこちらの方が汎日本的に広がりをもつ漁なのだ。少し詳細に見ていくことにしたい。

❶ 漁の紹介――佐賀県藤津(ふじつ)郡道越(みちこし)

漁はイイダコが隠れる性質を利用したもので、釣り漁の延縄漁のように幹縄を延縄状に伸ばし、イイダコ壺をくくった枝縄を下げ、幹縄の両端には、沈子と目印となる浮子をつけて海底に降ろす。そして、中に入ったイイダコを引き上げて回収する。

i　道越の概要

漁が実際どのような形で操業されているのか、漁舟に便乗して見学したことがある。ここで、具体的な漁を見てみることにしよう。

舟に便乗させてもらった道越は、有明海の西岸、佐賀県藤津郡太良町(たらちょう)に位置する戸数四〇〇戸を数える大きな集落である。その起源は比較的新しく、今日見られるような漁村としての出発ではなく、移住による開拓村に始まる。

この地は江戸時代諫早藩の所領であった。藩籍奉還後、高来(たかき)郡となり、副軍令となった諫早藩の家老職岸川文太が開墾するため、諫早湾岸の戸石・矢上・田結(たゆい)の集落より一二戸、天草より四戸の計一六戸を移住させた。そして、サトウキビを栽培させたが、明治一七年に台風のためにサトウキビが壊滅し、その後、サツマイモ・落花生を栽培するようになったという。

その当時から、隣接する竹崎は漁村として存在していたが、道越も同じく好漁場に面しているという地域性の特徴を生かして漁業活動をおこなうようになり、次第に漁業の比重が高くなり、今日では専業漁村としての性格が強い。

今日の道越は、潜水漁業によるタイラギガイ漁、「竹崎カニ」のブランドとして知られるワタリガニ漁、アナゴ漁、ここで取り上げるイイダコ漁など、それから海苔養殖もおこなうなど、商品性の高い漁業生産物を生み出す、佐賀県でも有数の漁村として知られている。

とくに潜水漁は技術が高く、この技術を利用して、今日では日本の潜函作業の大部分に道越の漁師が従事している。

ii　漁に出る

イイダコ壺延縄漁の操業時期は、二つのシーズンに分けられる。一一月~五月にかけておこなわれる冬ダコ漁、七月~九月の夏ダコ漁であり、冬ダコが大きくて夏ダコが小さい。当然、漁具であるイイダコ壺もそれに合わせて大きさが異なる。

イイダコ壺には、アカニシ・テングニシなどの巻き貝、サルボウを使う二枚貝製があるが、今では、手繰りを助けるために漁舟の動力を使ってドラムを廻し、それによって延縄の巻き取りをおこなうので、イイダコを壺より取り出しやすく、作業効率が良い二枚貝製のイイダコ壺を使うことが多くなっている。

道越岸壁のイイダコ壺

なお、特に冬ダコ用には大きい貝を使用することが多く、その要求に見合った貝がなかなか手に入らないため、サルボウを模したプラスック製のイイダコ壺が島原で製造され、道越でも使用されているが、一セット九〇円と高い割には、イイダコが中に入る確率は低く、やはり自然の貝をイイダコは好むという。イイダコは人工的なモノより本物指向なのだ。ちなみに、貝殻は地元ではなく天草方面より購入している。貝は一尋（ひろ）（一・五m強）に枝縄を付けて下げ、全体に一〇〇〇個ほどの壺を使用する。延縄の長さは一・五〜二・〇kmほどで、両端に海面上には延縄の目印となる発泡スチロール製の浮子、海面下にコンクリートブロックや石を使った碇、あるいは鉄製錨を取りつけて海底に沈める。

漁に備えてイイダコ壺を準備する

場所は、満潮時に潮に乗って海岸に向かって餌を獲りに行く習性をもつイイダコを獲ることから、沖合の砂干潟の深さ一〇mほどの地点に仕掛ける。漁期中延縄は海中に投じて沈めたままで、適宜に回収してはまた沈め、漁期が終わったら引き上げる。

漁舟にイイダコ壺を積む

漁師は山の形などの角度によって位置を把握する三角測量の「山あて」によって、自分の仕掛けた延縄の位置を知ることができる。漁の最盛期は、他の漁師の延縄が幾重にも錯綜し、漁舟のじゃまにもなるため、位置を示す目印となる両端の発泡スチロール製の浮子を切り離すことも多いが、それでも、漁師は「山あて」によって、ピタリと自分の延縄の位置を知ることができるのである。目を働かせた体内GPSが発達している。

漁舟に同乗したのは、夏ダコのシーズンが始まる七月一六日であった。一番の漁の最盛期はお盆前後の八月中旬で、この時期には、イイダコ目当てに港から多数出漁する。舟は港を東に向かって出て、山あてをおこなう多良岳を後にし、一五分前後で仕掛けた延縄の場所を示す浮子にピタリと舟を寄せた。

漁師はゴム製の胴長を着用し、まず海水をバケツで組み上げて甲板を洗い、漁の準備をする。それから浮子を棒で引っかけて舟に寄せ、舟の動力によって回転するドラムに、延縄を巻いて取り付け、順々に手繰っていき、イイダコ壺の中に入っているイイダコを次々に取り出してゆく。延縄はそのまま海中に戻っていくため、手早くイイダコを取り出さないと、取り逃がしてしまう。

このようにして漁はおこなわれ、ふつうは一回三〇分前後で終了する。この日は二度目の漁のためだろうか、わずか数十匹の収穫で、市場に出荷することなくお邪魔をした私のお腹に収まった。

通常漁にあたっては、一隻の舟に二～三人乗り込んで漁をおこなう。獲ったイイダコは、船漕の中に入れて持ち帰り、市場へ出荷する。地元で消費される他、福岡方面へも「潟タコ」として出す。

漁場に到着

手繰る

縄を手繰り寄せる

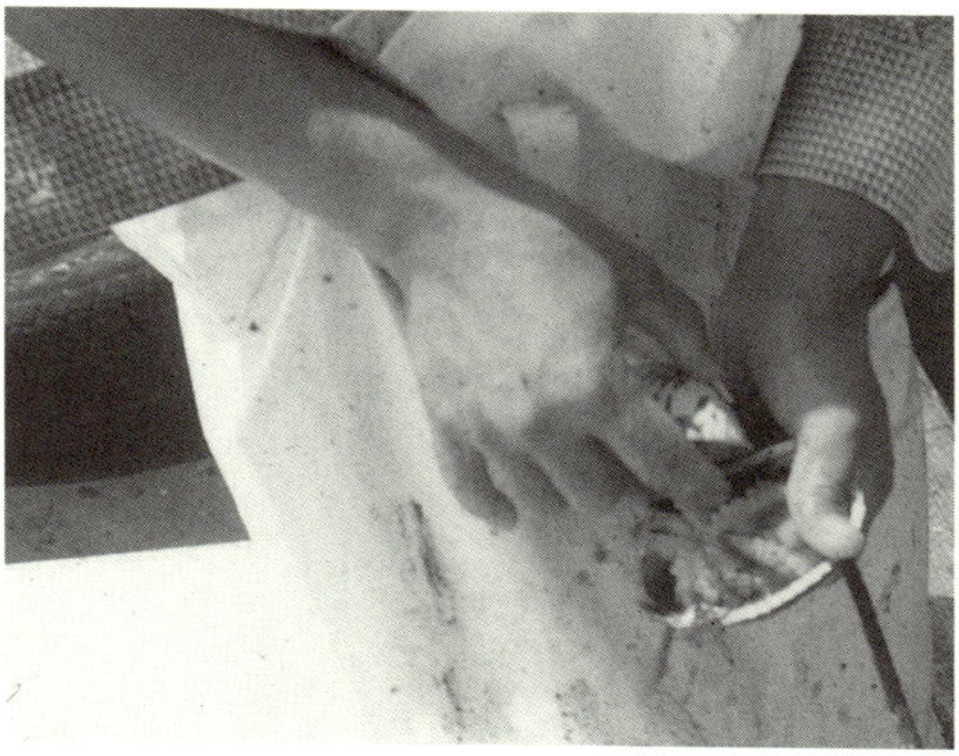

イイダコが入っている

ドラムに架ける

獲れたイイダコ

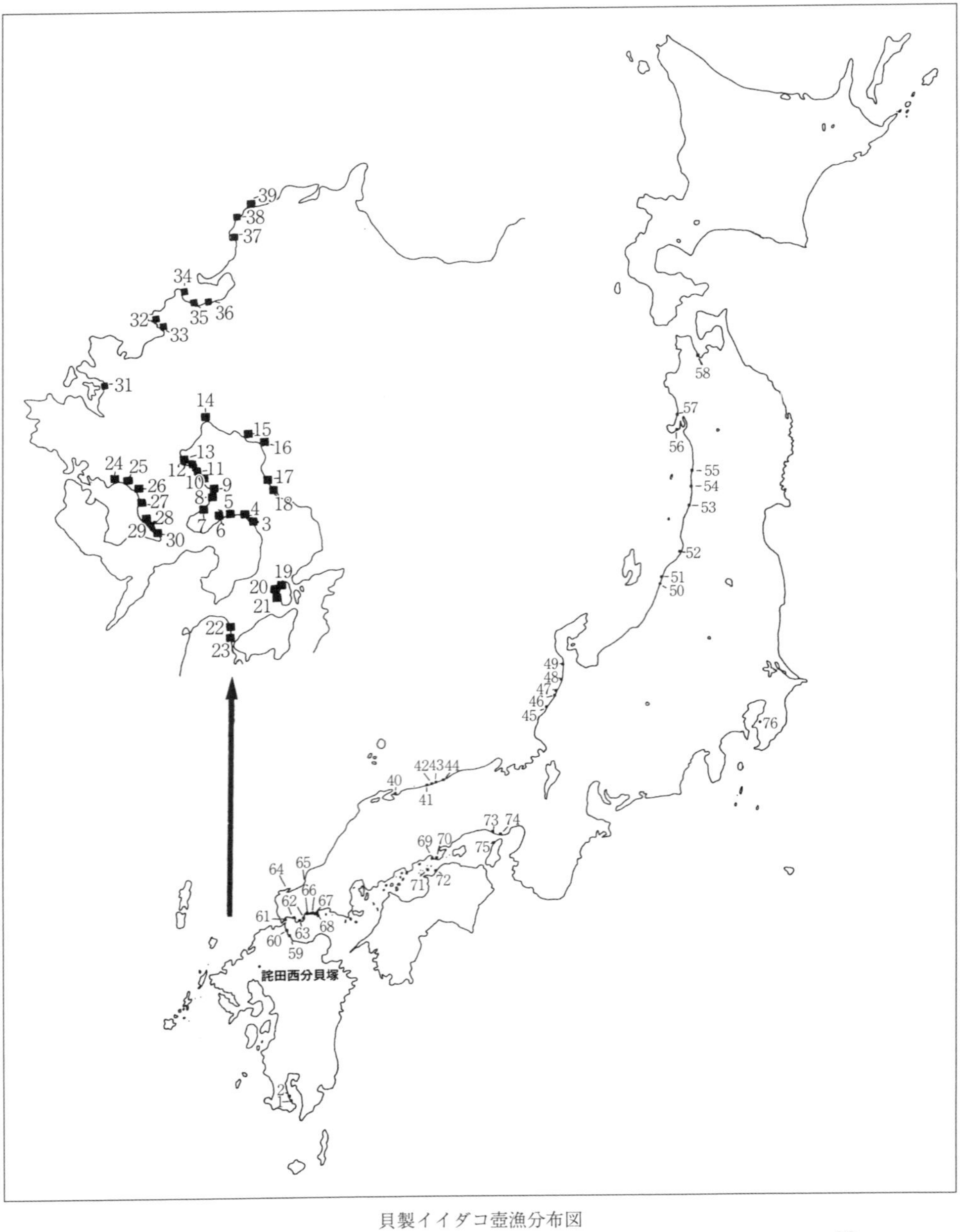

貝製イイダコ壺漁分布図

No.	地域	港地名	場所	貝種	漁	その他
1	鹿児島湾	岩本	鹿児島県指宿市岩本	テングニシ	休漁	
2	〃	喜入	〃 指宿郡喜入町喜入	テングニシ	〃	
3	有明海	湯江	長崎県島原市有明町湯江	サルボウ、テングニシ、アカニシ、プラスチック	盛漁	
4	〃	多比良	〃 雲仙市国見町多比良	サルボウ、テングニシ、アカニシ、プラスチック	〃	
5	〃	神代	〃 〃 〃 神代	サルボウ、テングニシ、アカニシ	〃	
6	〃	西郷	〃 〃 瑞穂町西郷	サルボウ、アカニシ、テングニシ、プラスチック	〃	巻き貝が多い
7	〃	小長井	〃 諫早市小長井町小長井	サルボウ	〃	
8	〃	竹崎	佐賀県藤津郡太良町竹崎	サルボウ、テングニシ、アカニシ	〃	
9	〃	道越	〃 〃 〃 道越	サルボウ、テングニシ、アカニシ、プラスチック	〃	
10	〃	糸岐	〃 〃 〃 糸岐	サルボウ	〃	
11	〃	栄町	〃 〃 〃 栄町	サルボウ、アカニシ、テングニシ	〃	
12	〃	伊福	〃 〃 〃 伊福	サルボウ、アカニシ、テングニシ	〃	
13	〃	肥前浜	〃 鹿島市肥前浜	サルボウ、アカニシ、テングニシ	減少	
14	〃	本庄	〃 佐賀市本庄	サルボウ、テングニシ、アカニシ	盛漁	
15	〃	沖ノ端	福岡県柳川市沖ノ端	サルボウ、テングニシ、アカニシ	〃	
16	〃	中島	〃 〃 中島	サルボウ、アカニシ、テングニシ	減少	
17	〃	磯山	熊本県荒尾市磯山	サルボウ、アカニシ、プラスチック	盛漁	土製品が僅かにあ
18	〃	長洲	〃 玉名郡長洲町長洲	サルボウ、アカニシ、テングニシプラスチック	盛漁	
19	島原湾	串	〃 上天草市大矢野町串	サルボウ	〃	
20	〃	鳩ヶ釜	〃 〃 〃 鳩ヶ釜	サルボウ	〃	始めたばかり
21	〃	七ツ割	〃 〃 〃 七ツ割	サルボウ	〃	
22	〃	佐伊津	熊本県本渡市佐伊津	プラスチック	〃	土製品も多い
23	〃	御領	〃 天草市五和町御領	プラスチック	〃	土製品も多い
24	大村湾	川棚	長崎県東彼杵郡川棚町川棚	テングニシ、アカニシ	〃	
25	〃	大音琴	〃 〃 東彼杵町大音琴	テングニシ、アカニシ	〃	
26	〃	千綿	〃 〃 〃 千綿	アカニシ	〃	
27	〃	松原	〃 大村市松原	アカニシ	〃	
28	〃	新城	〃 〃 杭井津新城	アカニシ	〃	
29	〃	前舟津	〃 〃 前舟津	アカニシ	〃	
30	〃	舟津	〃 〃 舟津	アカニシ	〃	
31	伊万里湾	波多津	佐賀県伊万里市波多津	サルボウ、アカニシ、テングニシ	休漁	
32	玄界灘	船越	福岡県糸島市志摩町船越	サルボウ、アカニシ、テングニシ	〃	
33	〃	加布里	〃 〃 前腹加布里	サルボウ、アカニシ、テングニシ	〃	
34	〃	唐泊	〃 福岡市西区唐泊	サルボウ、アカニシ、テングニシ	〃	土製品も多かった
35	〃	今津浜崎	〃 〃 〃今津浜崎	サルボウ	〃	土製品に変わった
36	〃	姪浜	〃 〃 〃姪浜	サルボウ	〃	土製品も多かった
37	〃	津屋崎	〃 福津市津屋崎町津屋崎	サルボウ	〃	土製品も多かった
38	〃	神湊	〃 宗像市玄海町神湊	サルボウ	〃	土製品も多かった
39	〃	鐘崎	〃 〃 〃 鐘崎	サルボウ	〃	土製品も多かった
40	山陰	米子	鳥取県米子市米子	アカニシ、アワビ、ウチムラサキ、プラスチック	盛漁	雑多なイイダコ壺
41	〃	夏泊	〃 鳥取市青谷町夏泊	トリガイ、サルボウ	〃	
42	〃	酒津	〃 〃 気高町酒津	サルボウ	〃	
43	〃	賀露	鳥取県鳥取市賀露	ベンケイガイ	〃	
44	〃	岩戸	〃 岩美郡岩美町岩戸	ベンケイガイ	〃	
45	越前	橋立	石川県加賀市橋立	不明	休漁	
46	〃	安宅	〃 小松市安宅	ウチムラサキ、ウチムラサキ＋塩ビ管	盛漁	
47	〃	美川	〃 能美郡美川町美川	ホッキガイ	〃	
48	〃	金石	〃 金沢市金石	ホッキガイ、テングニシ、ホッキガイ＋塩ビ管	〃	
49		羽咋	〃 羽咋市境	ホッキガイ、ホッキガイ＋塩ビ管	〃	
50	越後	出雲崎	新潟県三島郡出雲崎町出雲崎	ホッキガイ	〃	
51	〃	寺泊	〃 〃 寺泊町寺泊	ホッキガイ	〃	
52	〃	荒井浜	〃 胎内市中条町荒井浜	ホッキガイ、アワビ	〃	
53	庄内	金沢	山形県鶴岡市金沢	ヤツシロガイ、ホッキガイ	〃	
54	〃	酒田	〃 酒田市坂田	ホッキガイ、テングニシ、アワビ	〃	
55	出羽	西目	秋田県由利本荘市西目町出戸浜山	ホッキガイ、プラスチック	〃	
56	〃	船川	〃 男鹿市船川	ホッキガイ	〃	
57	〃	能代	〃 能代市能代	ホッキガイ	〃	
58	青森湾	油川	青森県青森市油川	ホッキガイ、アワビ、ホタテガイ	休漁	
59	瀬戸内海	湊	福岡県築上郡椎田町湊	サルボウ、アカニシ、テングニシ	〃	土製品も使った
60	〃	簑島	〃 行橋市蓑島	サルボウ	〃	
61	〃	長府	山口県下関市長府	サルボウ、プラスチック	盛漁	土製品も使う
62	〃	刈屋	〃 山陽小野田市刈屋	サルボウ、アカニシ	〃	土製品に変わった
63	〃	床波	〃 宇部市西岐波床波	サルボウ、アカニシ	〃	土製品に変わった
64	〃	丸尾崎	〃 〃 東岐波丸尾崎	サルボウ、アカニシ、ウチムラサキ	〃	土製品も使う
65	〃	秋穂崎	山口県山口市秋穂町秋穂浦	サルボウ、アカニシ、サザエ	〃	土製品に変わった
66	〃	大海	〃 〃 〃 大海	サルボウ	休漁	
67	〃	中ノ浦	〃 防府市中ノ浦	サルボウ	休漁	
68	〃	小田	〃 〃 小田	ウチムラサキ、サルボウ、アカニシ	盛漁	土製品も使う
69	〃	児島	岡山県倉敷市児島	不明	休漁	
70	〃	下津井	〃 〃 下津井	アカニシ	盛漁	
71	〃	高見島	香川県多度郡多度津町高見島	アカニシ	〃	
72	〃	丸亀	〃 丸亀市丸亀	不明	休漁	
73	〃	東二見	兵庫県明石市東二見	ウチムラサキ	盛漁	
74		明石	〃 〃 明石	ウチムラサキ	〃	
75		富島	〃 淡路市富島	アカニシ	〃	
76	東京湾	下洲	千葉県富津市下洲	アカニシ	盛漁	
77	渤海	秦皇島	中華人民共和国秦皇島	アカニシ？	？	確認できず

貝製イイダコ壺地名表（77の位置は52頁の図参照）

❷ 漁の実態

貝殻を使ったイイダコ壺漁がおこなわれる地域は、北は青森県の青森湾、南は鹿児島県の鹿児島湾にまで及んでいる。だが、その主となる地域は、九州の東シナ海側から本州の日本海側、及び瀬戸内海沿岸で、太平洋沿岸では東京湾を除いては漁の確認ができない。また、北海道、沖縄諸島においても同様に漁は認められない。九州、四国、本州の三島にみられる。

イイダコの主な棲息域は、東シナ海を主として暖海性の砂泥地で、砂泥地を主とする内湾性の地域において漁がおこなわれている。

ここでは、地域を東シナ海側、日本海側、太平洋側、瀬戸内海側、中華人民共和国・渤海と便宜上分け、それぞれの地域における漁の実態について見てみたい。

i　東シナ海地域

〈鹿児島湾〉

今日、漁が確認できる最も南の地域である。鹿児島湾の入り口に近い薩摩半島の指宿市岩本、および近郊の数カ所の漁村で漁がおこなわれていたが、現在は休漁となっている。

岩本で聞き取りをした漁師の例では、イイダコ壺に使用する貝は小型のテングニシだけで、地元産ではなく、三重県在住の息子に集めて送ってもらうとのことだった。漁期は一一月〜翌年八月までの長期にわたって行っていた。

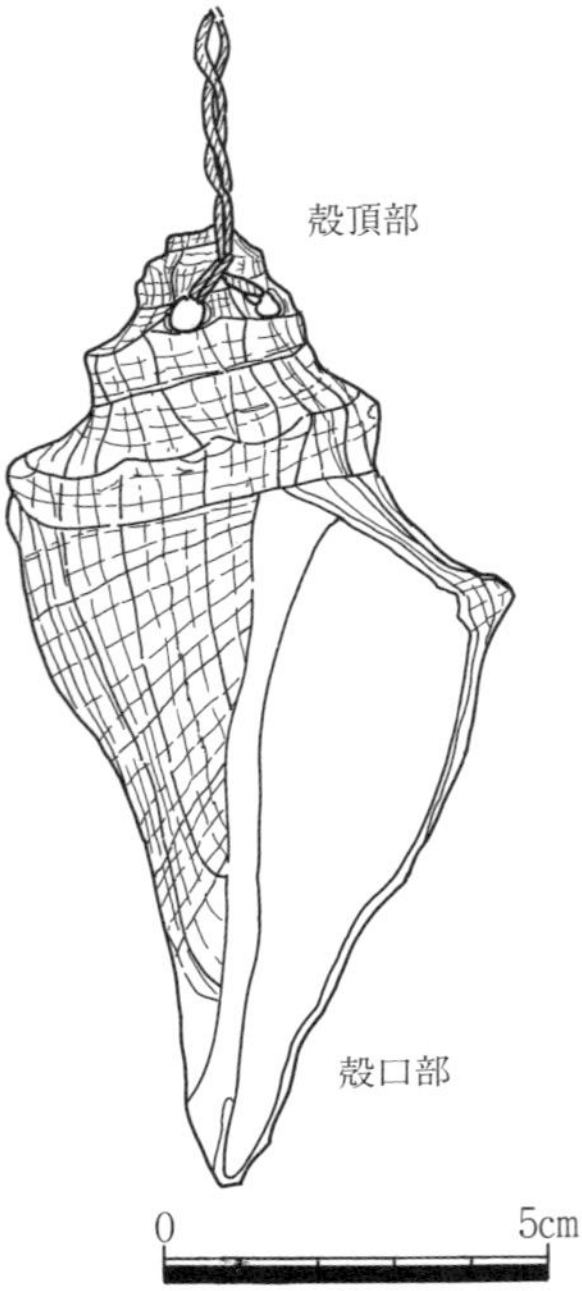

貝製イイダコ壺
（鹿児島湾、鹿児島県指宿市岩本）

漁の目的は食用にすることではなく、タイ延縄漁の餌としてのイイダコの需要からで、漁の休止も、タイ延縄漁の漁期と重なって延縄が錯綜してしまい、タイ延縄漁の邪魔になるとの理由による。

イイダコ壺に使用する貝は、殻の頂部を打ち欠いて水抜けがしやすいようにし、先端を折るなど手を入れる。使うにあたっては、貝の身を取り出すために穿った孔を利用して、細い綿糸を二カ所ある孔に通して枝縄とし、殻頂部を上に殻口を下にして下げる。

それから、殻口を下にして使うのは、各地域のイイダコ壺と比較すると、主流ではなく少数派だ。貝利用以外の他のイイダコ壺として、かつては一定の大きさに輪切りをした竹筒を使用していたことも知られている。

今日、イイダコ漁は行われるが、延縄漁とは錯綜しないタコ手釣り漁によって漁獲されている。

〈有明海〉

全国で最も漁の盛んな地域であり、漁村も湾岸に数多く、全域に拡がっている。

有明海は日本有数の干潟をもち、そこはタコが餌とする貝類、あるいはエビ類も豊富で、タコが棲息するには好条件を持っている。

とくに漁に従事する漁師が多いのは、長崎県島原市有明町湯江（ゆえ）から島原半島北岸一帯、佐賀県藤津郡太良町道越、福岡県柳川市沖ノ端、熊本県玉名郡長洲（ながす）町長洲で、漁一般でも湾岸のセンター的位置を占める漁村で、この漁に従事している漁師も、それぞれ六〇名近くにものぼっている。

貝種は、サルボウなどのアナダラ属の二枚貝を中心とし、それを模したプラスチック製、それにアカニシ、テングニシ、まれにアワビなどの巻き貝を使う。しかし、主体は中に入ったイイダコを取り出しやすい二枚貝で、かつては巻き貝も多かったが、イイダコを取り出しにくいので、イイダコ壺に使うのは少なくなっている。

巻き貝はアワビを除き、殻口を下にし、二枚貝はカスタネット状にして下げるが、同じ個体の貝ではなく、別の貝殻を合わせて用いる。アワビも同様に二枚の貝殻を合わせてカスタネット状にして下げる。

貝は基本的には地元産だが、今日入手できる貝は小型で殻も薄くて割れやすく、イイダコ壺として使うには不都合なものが多い。そのことが、プラスチック製イイダコ壺が普及した要因となっているが、自然の貝に比

貝製イイダコ壺（玉名郡長洲）

貝製イイダコ壺（雲仙市西郷）

貝製イイダコ壺（荒尾市磯山）

較して重量が軽いため、主として底質がより泥地の海底に用いられ、漁具の主体は、今日でも融通性の高い自然の貝殻である。

マダコを獲るマダコ壺漁が盛んな湯江では、今日のイイダコ壺は数十年前から使っているようなすべて大形の貝製であるが、かつて貝が手に入らない時期には土製も使用した。また、アカニシ製では、貝の表にペイントで所有者の名をマーキングしている。同様に、長洲でもアカニシの外側に墨で姓を書いている。

一般に有明海では夏と冬の二シーズンに分かれ、一～五月は冬ダコ、七～一〇月は夏ダコと称され、イイダコ壺もシーズンに合わせて冬用と夏用とに分かれ、冬ダコ用のものはかなり大型の貝を使用する。イイダコは冬、夏のいずれのシーズンでも食されるが、小型の夏ダコは延縄漁

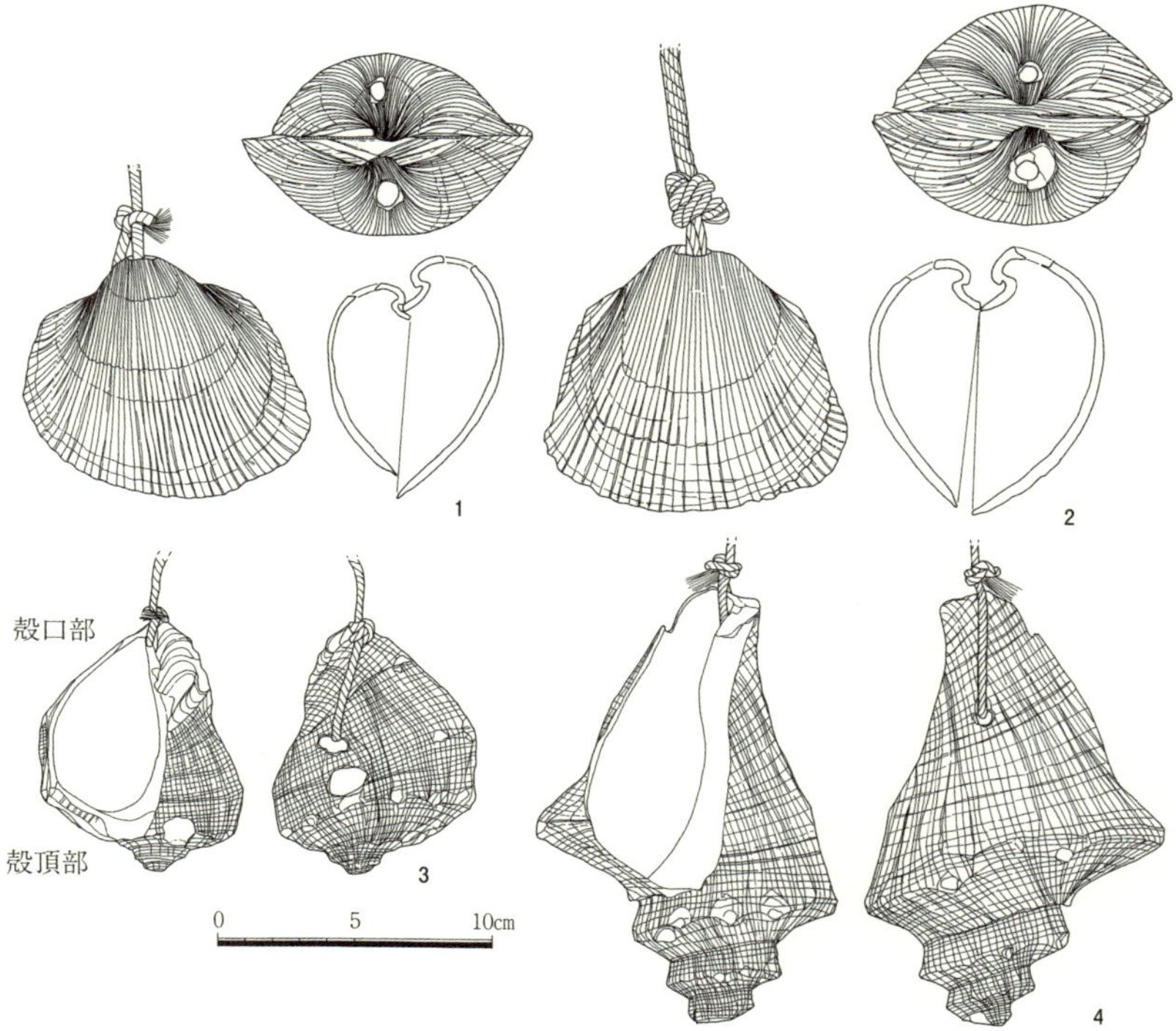

貝製イイダコ壺（有明海　夏ダコ用：1－熊本県荒尾市磯山、3－熊本県玉名郡長洲町長洲
冬ダコ用：2－熊本県玉名郡長洲町長洲、4－長崎県島原市有明町湯江）

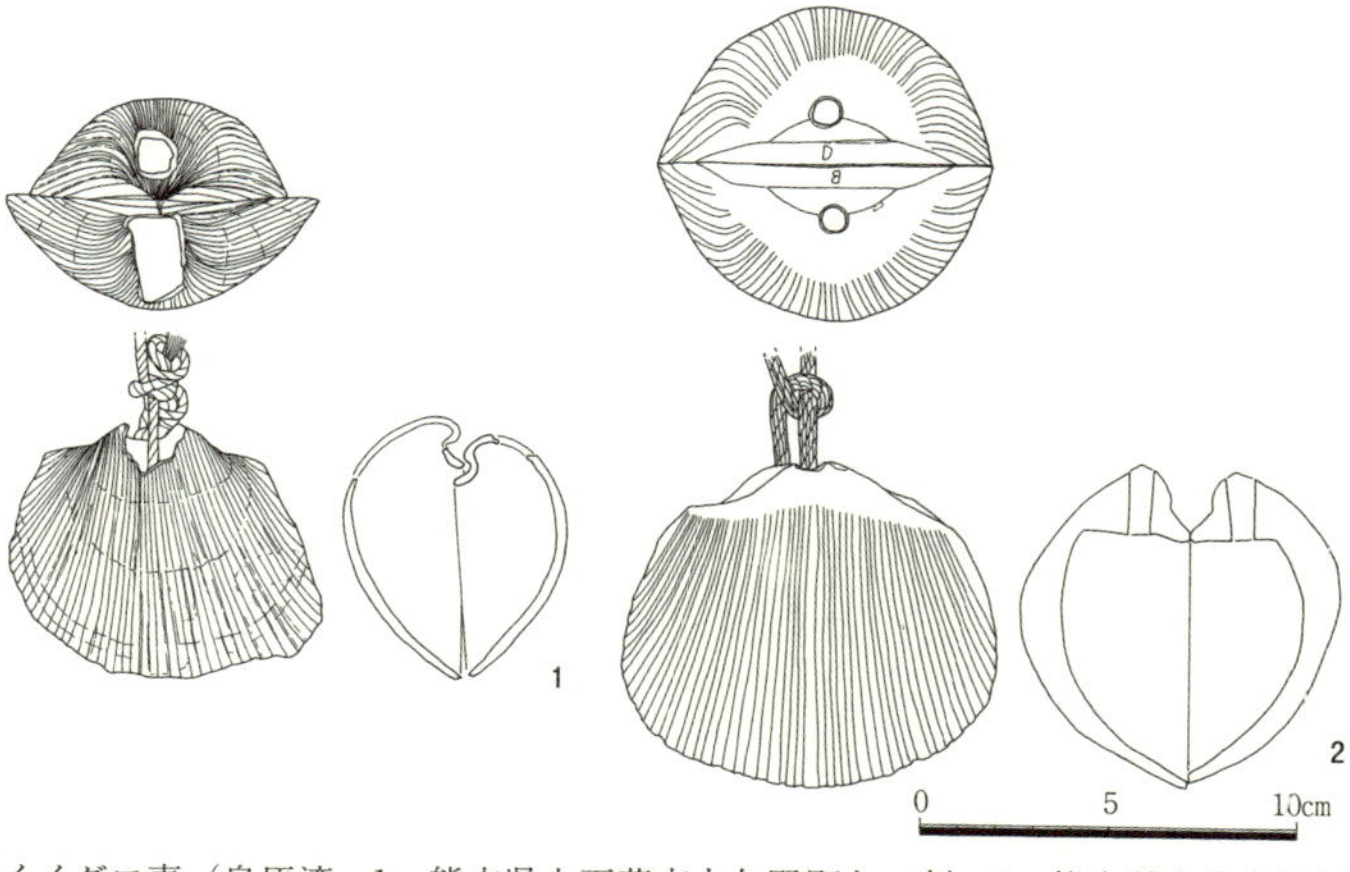

貝製イイダコ壺（島原湾　1－熊本県上天草市大矢野町七ツ割、2－熊本県本渡市佐伊津）

の餌として使用される目的ももっている。

〈島原湾〉

島原湾は有明海のすぐ南、天草諸島の北に位置し、隣接する有明海とは対称的に、漁の主流は土製イイダコ壺を使用する地域である。

この中で貝殻を使った漁をおこなう漁村は、天草諸島の大矢野島、天草下島に数カ所みられる。

漁具に用いる貝は、島原方面より入手し、かつてはアカニシ、アワビなどの巻き貝であったが、今はサルボウを使う。カスタネット状にして下げる。また、この貝を模したプラスチック製だけを使う漁村もある。

熊本県上天草市大矢野町七ツ割の場合、水深一〇mの場所で五〇〇個ほどイイダコ壺を下げる。漁期は冬のみである。なお、土製のマダコ壺、イイダコ壺を製造する窯業所がこの地域にあり、漁の主流は土製のイイダコ壺である。

〈大村湾〉

この地域ではイイダコ壺に二枚貝を使用せず、アカニシ、テングニシなどの巻き貝だけを漁に使うだけではなく、壺の使い方も独特で特徴的な地域である。長崎県東彼杵郡東彼杵町大音琴（おおねごと）、同じく千綿（ちわた）、長崎県大村市松原、同じく杭井津新城（くいいづしんじょう）で漁がおこなわれている。大村湾ではほとんどこの漁でイイダコは漁獲されている。

漁期は夏、冬の二シーズンに分かれ、壺もそれに合わせて使い分けをしている。夏ダコ用は一般的な装着法だが、冬ダコ用は殻口部の周りにセメントを付け、重量を持たせる。この結果、殻口部は海底に接することになるが、イイダコは壺を持ち上げて中に入ると漁師は言う。

このように大村市松原の例は重量八一五gをもつ巨大なもので、他地域のイイダコ壺と比較しても最も重い。

こうしたイイダコ壺を使うのは、大村湾岸にしかない。また、漁に使用する貝は地元の大村湾産の他、山を越した東にある有明海のものも購入して使用している。

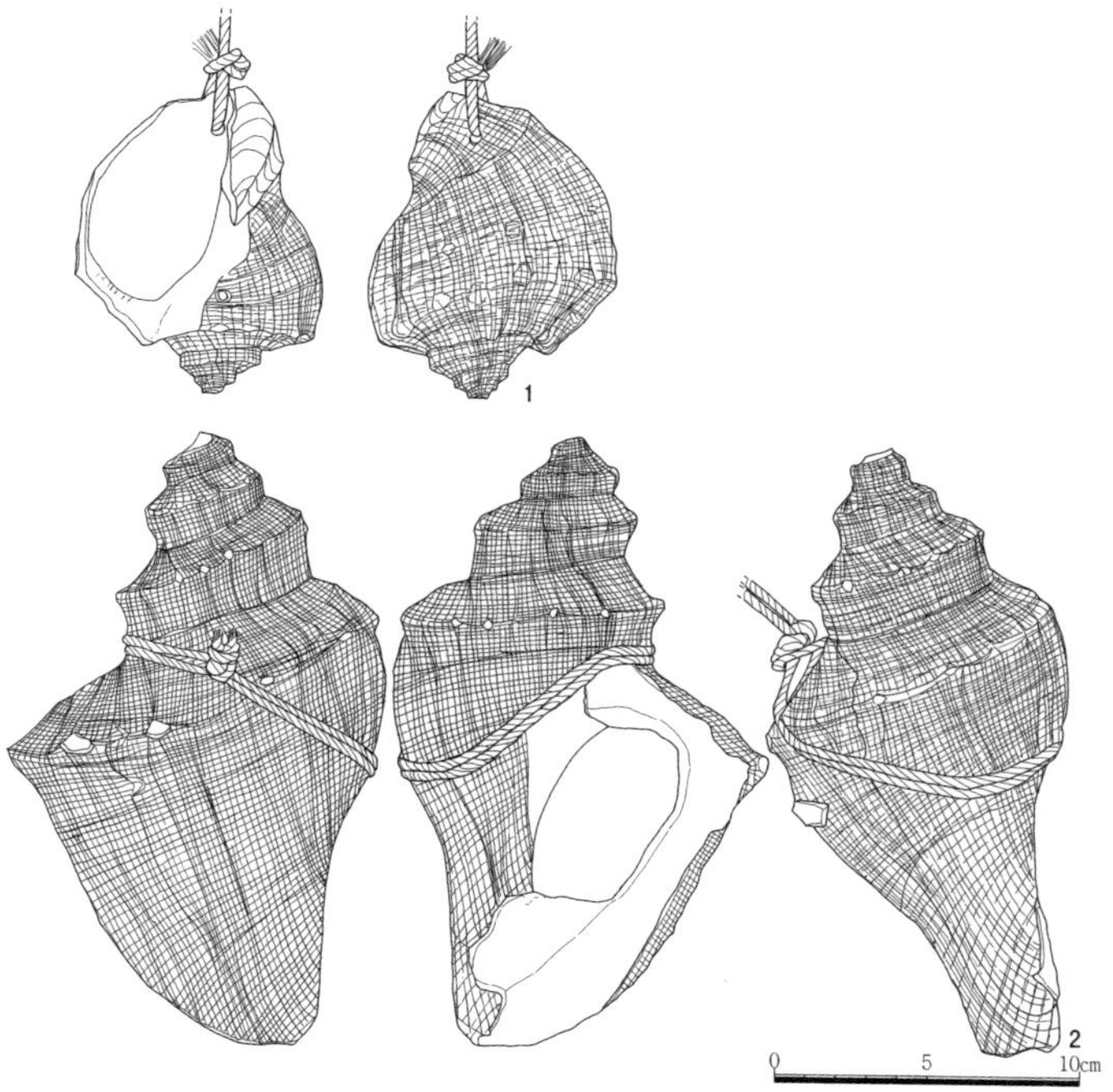

貝製イイダコ壺（大村湾　長崎県東彼杵郡東彼杵町大音琴、1－夏ダコ、2－冬ダコ）

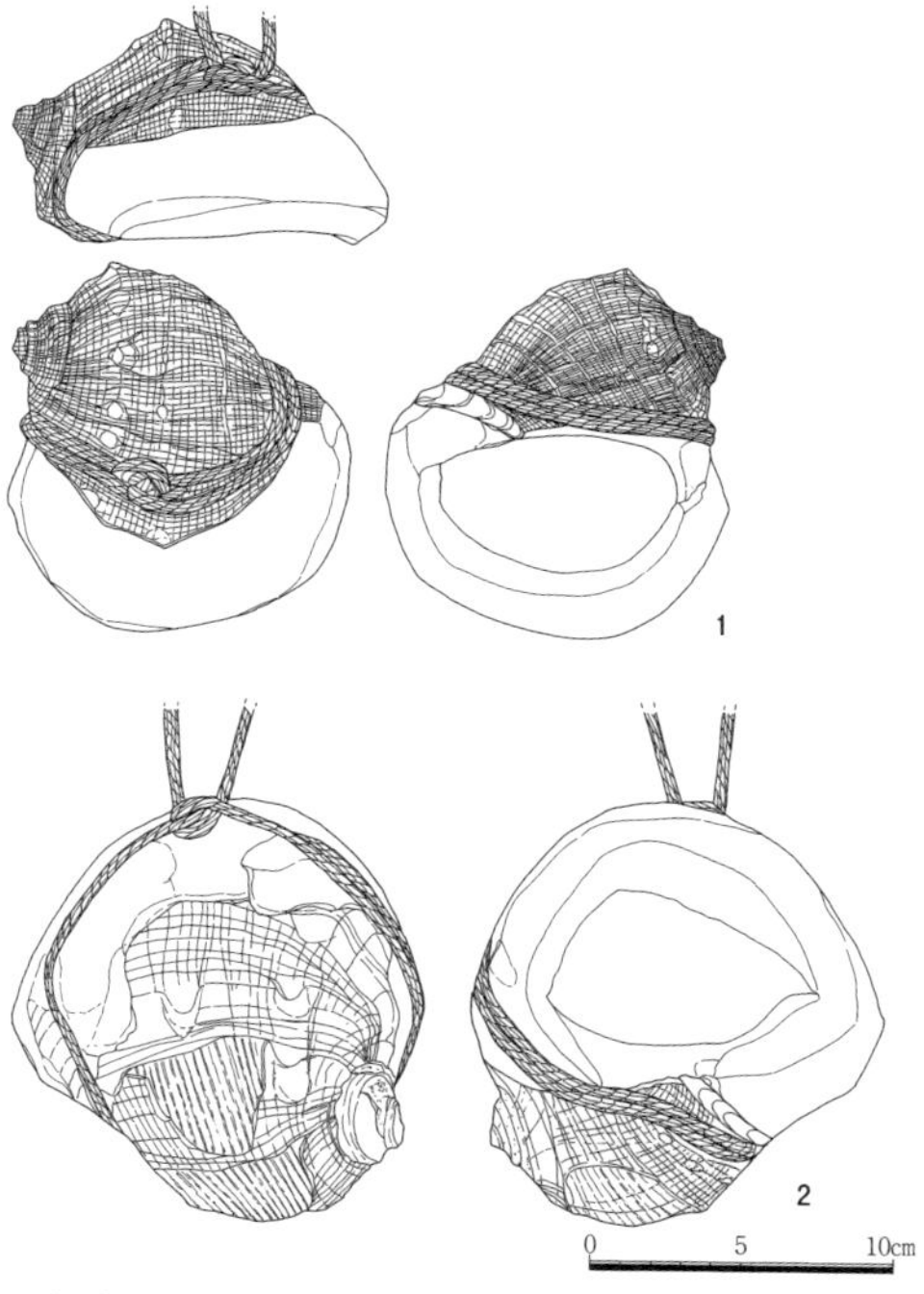

貝製イイダコ壺（大村湾　長崎県大村市杭井津新城、1－夏ダコ、2－冬ダコ）

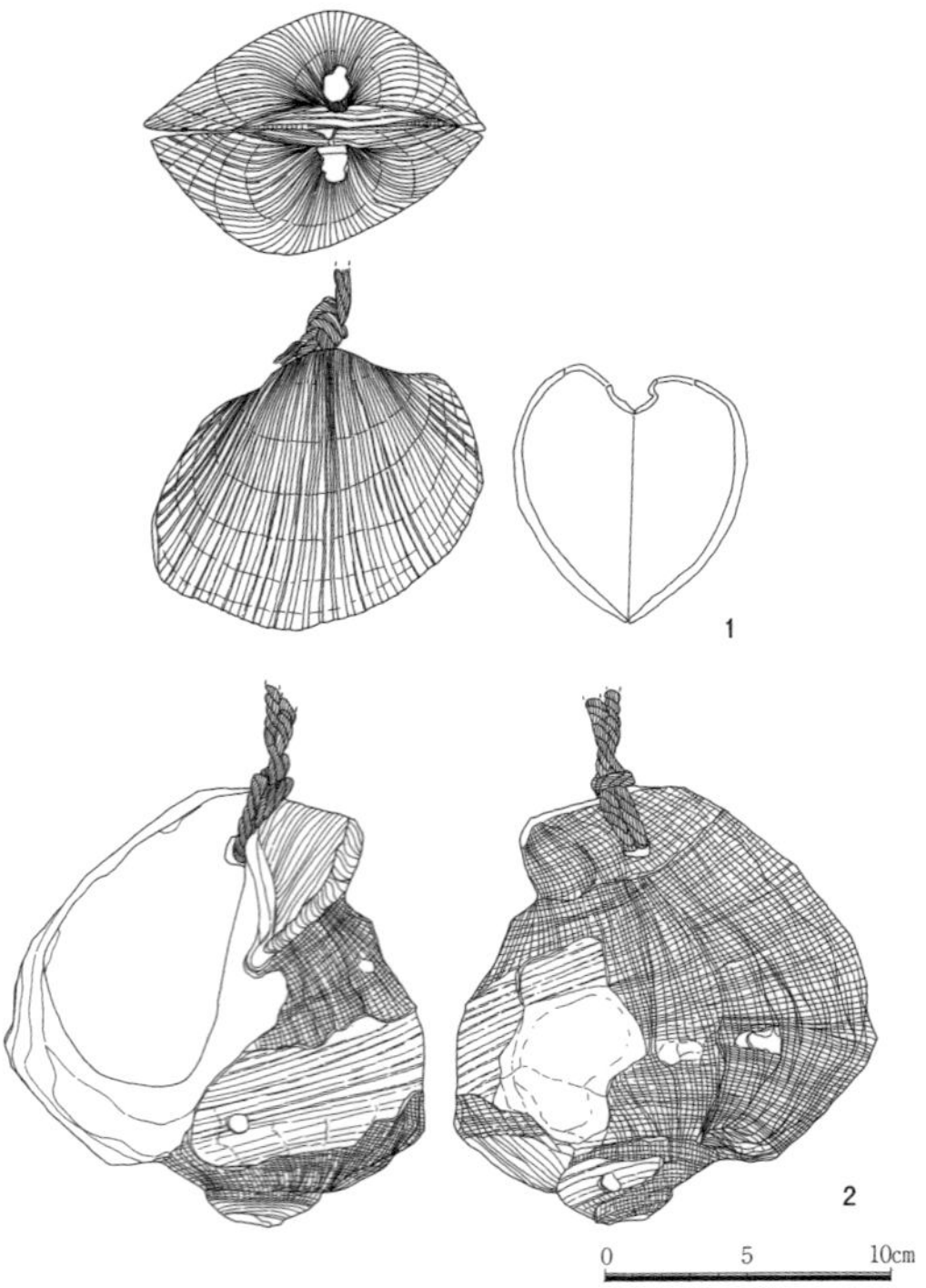

貝製イイダコ壺
（伊万里湾　伊万里市波多津、1－夏ダコ、2－冬ダコ）

獲ったイイダコは有明海沿岸の沖ノ端、あるいは道越の魚介類を扱う卸業者に出荷することも多い。

〈伊万里湾〉

伊万里湾では、湾奥部の佐賀県伊万里市波多津（はたつ）でのみ漁がおこなわれていたが、数年前より漁は休漁となっている。

漁期は夏、冬の二シーズンに分かれ、壺に用いる貝の大きさも使い分ける。夏ダコ用は小さく、冬ダコ用は大きい。貝種は二枚貝のサルボウ、巻き貝のアカニシで地元産のものを使う。二枚貝はカスタネット状、巻き貝は殻口を下にして下げる。また、今日枝縄はマグロ用のナイロン製の綱を延縄の幹縄として使用する地域が多いのだが、ここでは藁縄も用いていた。

イイダコは食の他、延縄漁の餌とするが、とくに夏ダコの漁は餌専用であった。

波多津では、イイダコ漁をおこなっていたのは数人の漁師のみで数は少ない。また、イイダコが壺に入らないような時期には、主としてタコ手釣り漁で漁をおこない、イイダコを漁った。

ii　日本海沿岸地域

〈玄界灘〉

土製のイイダコ壺を多用している地域がほとんどだが、西は福岡県糸島市加布里（かふり）から東は宗像市（むなかた）玄海町鐘崎（かねざき）まで、かつては貝製イイダコ壺も使用されていた。

イイダコ壺延縄漁の盛んな漁村は、今津湾を含めて博多湾西岸の福岡市西区姪浜(めいのはま)、今津浜崎(いまづはまさき)で、貝製イイダコ壺も土製と共に四〇年前までは盛んに用いられていた。

貝種は二枚貝のサルボウ、巻き貝ではアカニシ、テングニシなどを使い、貝は地元ではなく有明海方面より購入していたが、貝が入手しづらいため、土製のイイダコ壺に完全に置き換えられたという。

博多湾を除く他の漁村では、貝はほとんどサルボウを使用したそうだが、この地域の主流はあくまで土製であった。

漁の目的は、延縄漁の餌として獲ることが多く、食の目的としての漁は博多湾の今津浜崎だけだ。しかし、餌としての漁は、この地域では第二次大戦後の比較的早い時期に消えている。

〈山陰〉

山陰の東側に位置する鳥取県において漁がおこなわれている。少し離れた二地域、鳥取県境に近い美保湾に臨む米子付近、及び鳥取市周辺一帯の数カ所の漁村でみられる。

米子では、イイダコ壺は二枚貝のサルボウ、ハマグリ、巻き貝ではアカニシ、アワビなどの他、二枚貝を模したプラスチック製、及び土製、カップ酒の空き缶を利用したものとバラエティに富んでいるが、主流はあくまで貝製である。また、ハマグリ使用はここ以外にはない。

取り付け方は、アカニシ製は殻頂部を下にし、殻口部を上にして下げる。アワビは巻き貝だが、二枚貝のように二つの貝殻を用いてヨコにしてカスタネット状にして下げる。二枚貝であるハマグリをカスタネット状にするのは他地域と同じだが、別個体ではなく同一個体の貝の貝殻を使っているのが特徴だ。カップ酒、土製のイイダコ壺は口縁部の下に、あるいは頸部に紐を巻き、幹縄へと延ばす。漁具、装着の方法は規格性があるというより、ファジーでルーズだ。

貝種は二枚貝のサルボウがほとんどだが、夏泊のように、二枚貝であるトリガイを使用し、枝縄の途中に鉛

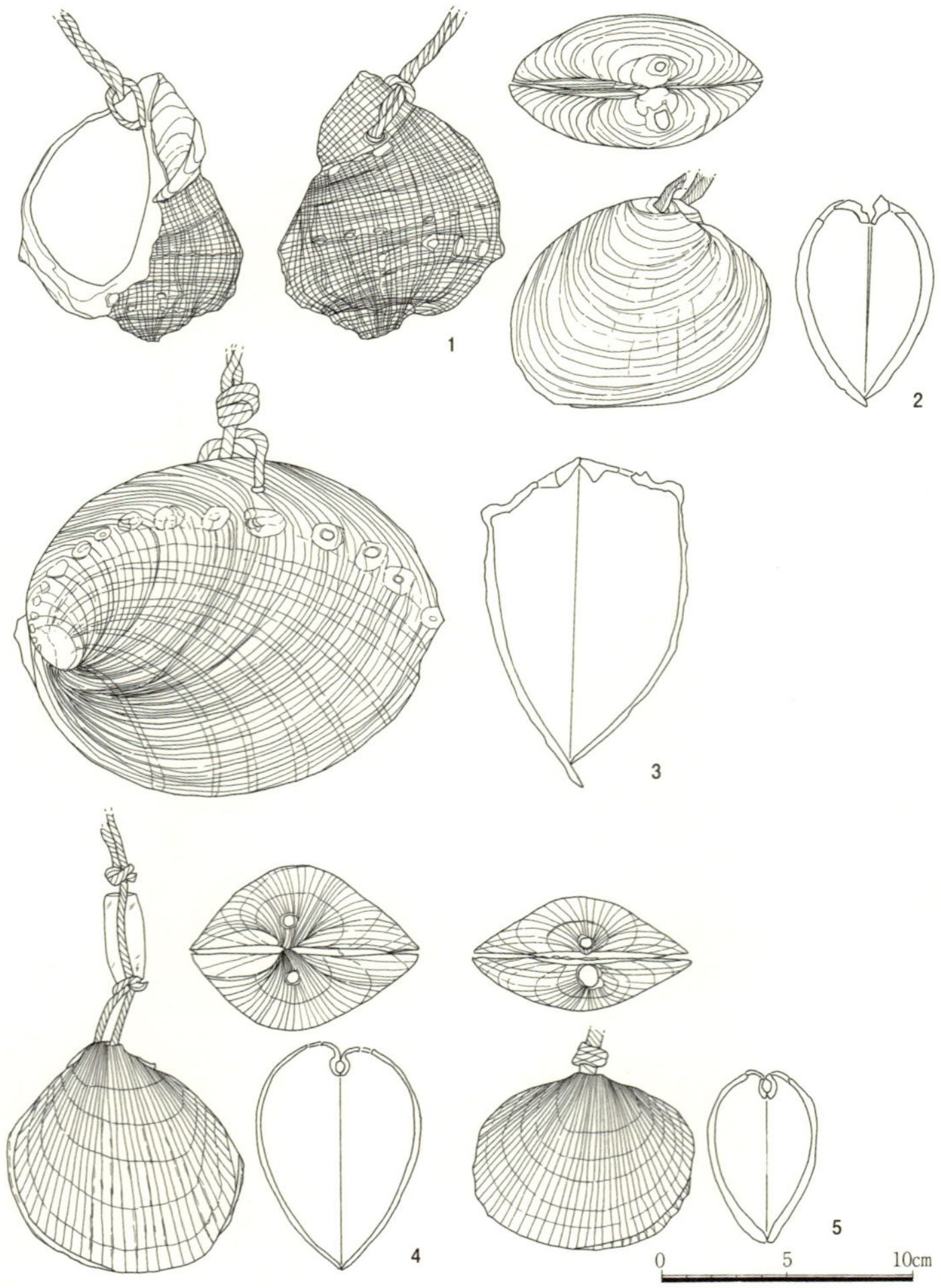

貝製イイダコ壺
(山陰　1・2・3－鳥取県米子市米子湾、4－鳥取県鳥取市青谷町夏泊、5－鳥取県鳥取市賀露)

製管状沈子を取り付ける工夫をした漁師も一名いる。

漁は鳥取市賀露の場合、漁期は三～五月にかけてだけで、目的は釣り漁の延縄漁の餌としてのイイダコ需要からだ。一〇〇名ほどいる漁師の中で、僅か二名がイイダコ漁に従事しているだけだ。

漁は、一般に一〇〇〇個ほどのイイダコ壺を使用し、沖合の水深一七～二〇mの地点でおこなう。鳥取市街にある後方の久松山（きゅうしょうさん）を、山あてしながら仕掛ける場所の位置を決めている。


〈越前〉


石川県の加賀海岸より北、能登半島にかけて漁をおこなう漁村が集中している。漁期は三～五月にかけての短期間で、これも延縄漁の餌としての需要によりおこなう所が多い。

使用する貝種は、二枚貝のホッキ貝を主流とし、同じくウチムラサキ、それからテングニシなどの巻き貝を使用するが、巻き貝は今日では使用されていない。

また、この地域においてはイイダコ壺に特徴的な形態が認められる。それは二枚貝利用のもので、カスタネット状にする一般的なイイダコ壺と共に、一方に二枚貝の片割れ、もう一方に塩ビ管を使用し、二枚貝が塩ビ管の蓋のようになるイイダコ壺がある。この種のものは本地域のみである。

貝製イイダコ壺（40頁の図参照、小松市安宅）

貝製イイダコ壺（40頁の図参照、小松市安宅）

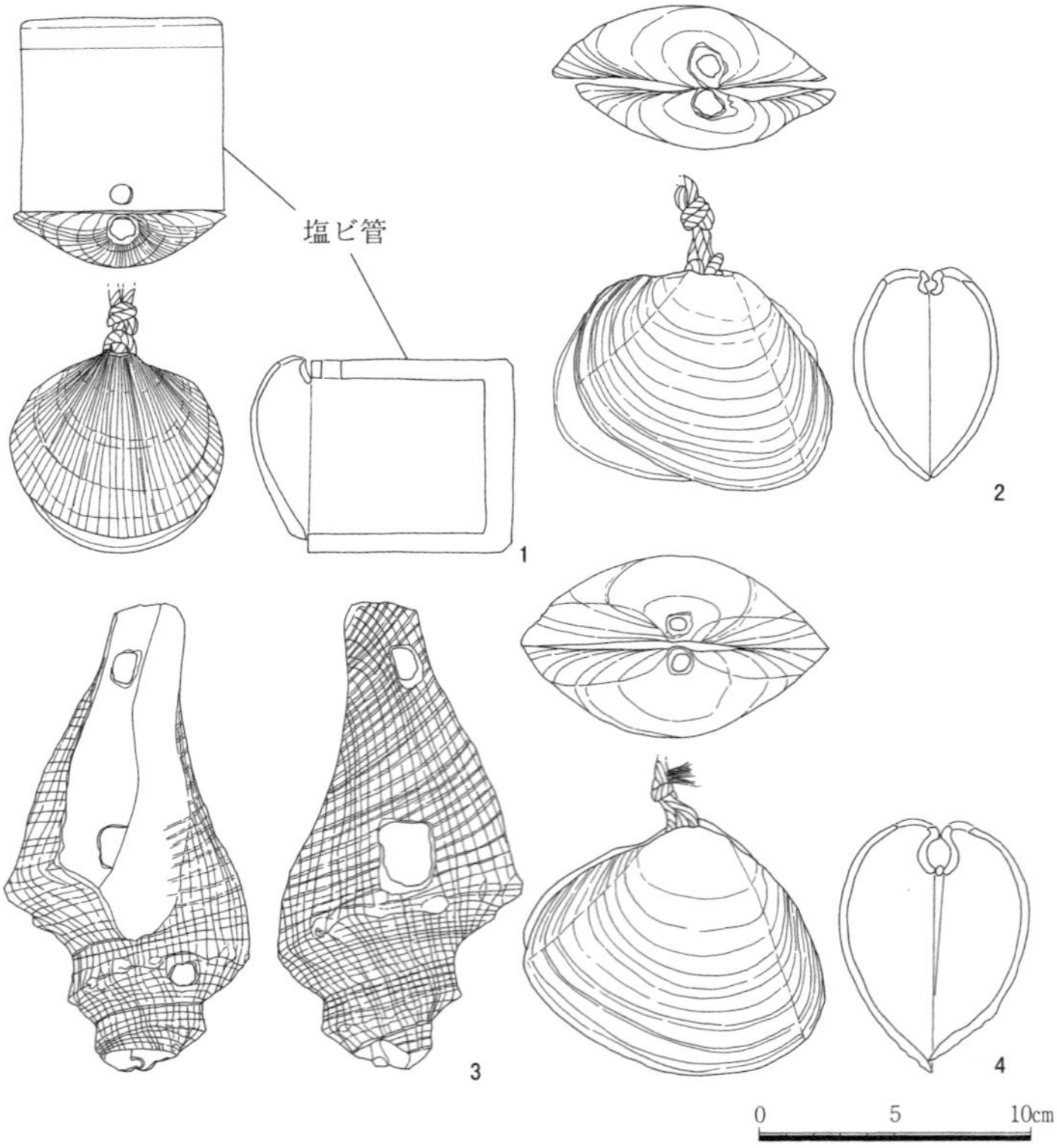

貝製イイダコ壺（越前　1・2－石川県小松市安宅、3－石川県金沢市金石、4－石川県羽咋市境）

ミズダコ用のマダコ箱（新潟県三島郡出雲崎）

塩ビ管利用ということで、そう古く遡るものではないようだが、手っ取り早く手に入れやすい塩ビ管を利用したのだろうが、それでも片側は蓋状に貝殻を使うというのは漁具の文化的伝統が残っているのであろう。

金沢市金石では漁は三～五月のみで、釣り漁でイイダコを獲っている漁師も多い。

漁をおこなう北端の羽咋（はくい）市では、五〇名ほどの漁師がいる中で五名が、延縄漁の餌としてイイダコの需要があるため、この漁をおこなっている。

〈越後〉

新潟県柏崎市より北の弥彦山まで、三島郡出雲崎町出雲崎をはじめ旧北国街道に沿った一帯に、漁をおこなう漁村がある。

この地域では、他の地域でのイイダコ漁が単独で実施されているのに対し、少し異なる。ここでは寒流に生息する大型のミズタコを狙った漁に付随する形で実施されているのが特徴的だ。

ミズダコ漁は大型のタコ箱を延縄状に下げ、中に入ったミズダコを捕獲するもので、漁の原理自体はマダコ、イイダコと同じである。貝製のイイダコ壺は、タコ箱に一個ずつ取り付けて漁がおこなわれる。また、貝殻は殻頂部に紐通し用の孔を開け、カスタネット状にしてタコ箱に下げている。カスタネット状にするという点では、他地域と同じである。

漁の時期はミズダコを獲る時期となるため、一～五月に深さ二〇m前後の地点でおこなわれる。貝種は、ベンケイガイもみられるが、ほとんどホッキ貝である。ただ、地元で獲れる貝は貝殻が薄くて漁に不向きなため、殻の厚い北海道産を漁協が仕入れ、それを漁師が購入して漁に使う。

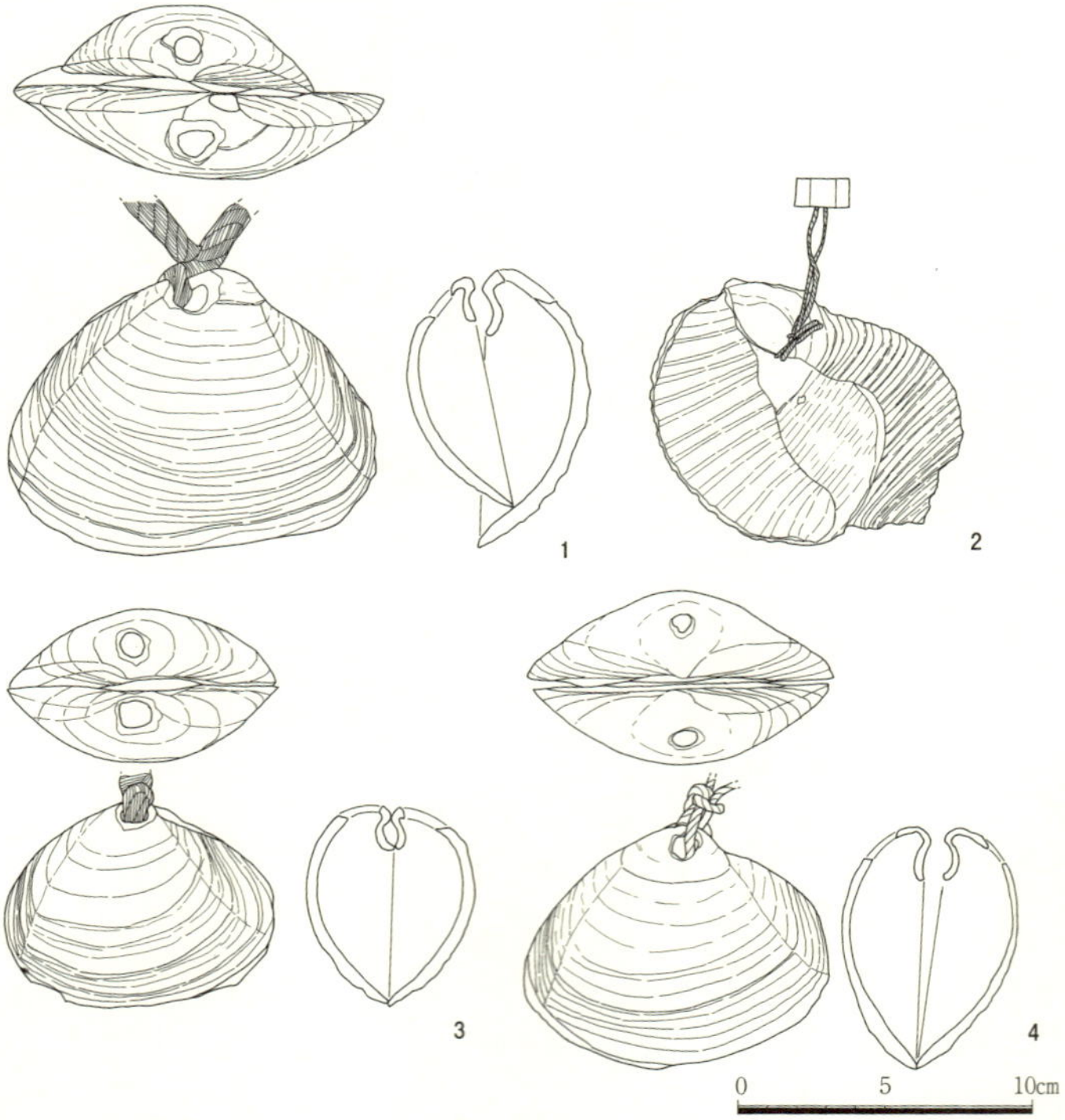

貝製イイダコ壺（越後：1－新潟県三島郡出雲崎町出雲崎、庄内：2－山形県鶴岡市金沢、
出羽：3－秋田県由利本荘市出戸浜山、4－秋田県男鹿市船川）

〈庄内〉

山形県鶴岡市、酒田市周辺の庄内浜一帯の漁村でおこなわれる。貝種は二枚貝のホッキ貝を主流とし、アワビ、テングニシ、ヤツシロ貝などの巻き貝を用いている。

二枚貝とアワビはカスタネット状にし、ヤツシロ貝は殻口を上にする。ヤツシロ貝は地元で採れるが、本地域を除いては、この貝をイイダコ壺として使う地域はない。また、貝に通した枝縄の先端に六角ボルトを付け、幹縄に取り付ける工夫をしている漁師もいる。こうすると壺が抜けにくくなるという。

漁期は四～六月にかけての短期間のみ、漁が実施される。

〈出羽〉

秋田県の男鹿(おが)半島を中心とし、秋田県由利本庄市西目町出戸浜山(でとはまやま)、同じく男鹿市船川など同県本荘市以北、同じく能代市以南の地域で漁をおこなう漁村がみられる。使用する貝はホッキ貝のみで、カスタネット状にして下げる。貝は青森県八戸市、岩手県久慈市などの太平洋岸の漁村から取り寄せている。

漁期はいずれも一～六月にかけてで、目的も延縄漁の餌としてのイイダコの需要による。

〈青森湾〉

漁は休漁となっている。使用する貝は主に二枚貝のホッキ貝で、その他にホタテ貝、巻き貝はアワビを使った。アワビの場合、二個の貝をカスタネット状にする二枚貝の着装法である。なお、ホタテ貝、アワビを使用するのは、この地域のみである。

漁は、沖合の水深一〇m前後の地点でおこなわれた。

ⅲ　太平洋沿岸地域

太平洋岸は、日本列島の東側で広い地域だが、日本海側と異なり、東京湾を除いて漁はおこなわれていない。

東京湾の漁は、『大日本水産捕採誌』によると、「タコツルベ」と称され、貝はアカニシを用いて漁がおこな

貝製イイダコ壺（東京湾、千葉県富津市下洲）

われたとある。前の調査で確認できなかったが、その後の調査で、東京湾の湾口に近い千葉県の富津（ふっつ）市で漁がおこなわれているのを、見ることができた。

漁をおこなう漁師は数名で、貝は巻き貝のアカニシをイイダコ壺とする。二枚貝は用いず、アカニシ以外にはイイダコ壺として使用はしていない。漁期は一二月から翌年二月までである。いずれも殻頂部を下にし、殻口部を上に向けて下げる。

ⅳ　瀬戸内海沿岸地域

内海の瀬戸内海は、イイダコも含めてタコの名産地であり、この漁の先進地域でもある。他の地域と比較して特徴的なことは、イイダコ壺延縄漁に使うイイダコ壺も、他の地域では貝製がほとんどだが、ここでは土製が貝製に比して広く一般的に使われることである。イイダコ壺は一般的には土製品というのが、この地域の伝統だ。

それから同じ地区の中でも、貝製と土製のイイダコ壺は、漁村ごとに様々なレベルで差がある。その多様性は、瀬戸内海沿岸地域の特徴でもある。

ここでは、本地域を便宜上西部瀬戸内、中部瀬戸内、東部瀬戸内の三つの地域に区分して検討したいが、この中で、西より山口県山陽小野田市、同じく防府（ほうふ）市、広島県東広島市安芸津、兵庫県

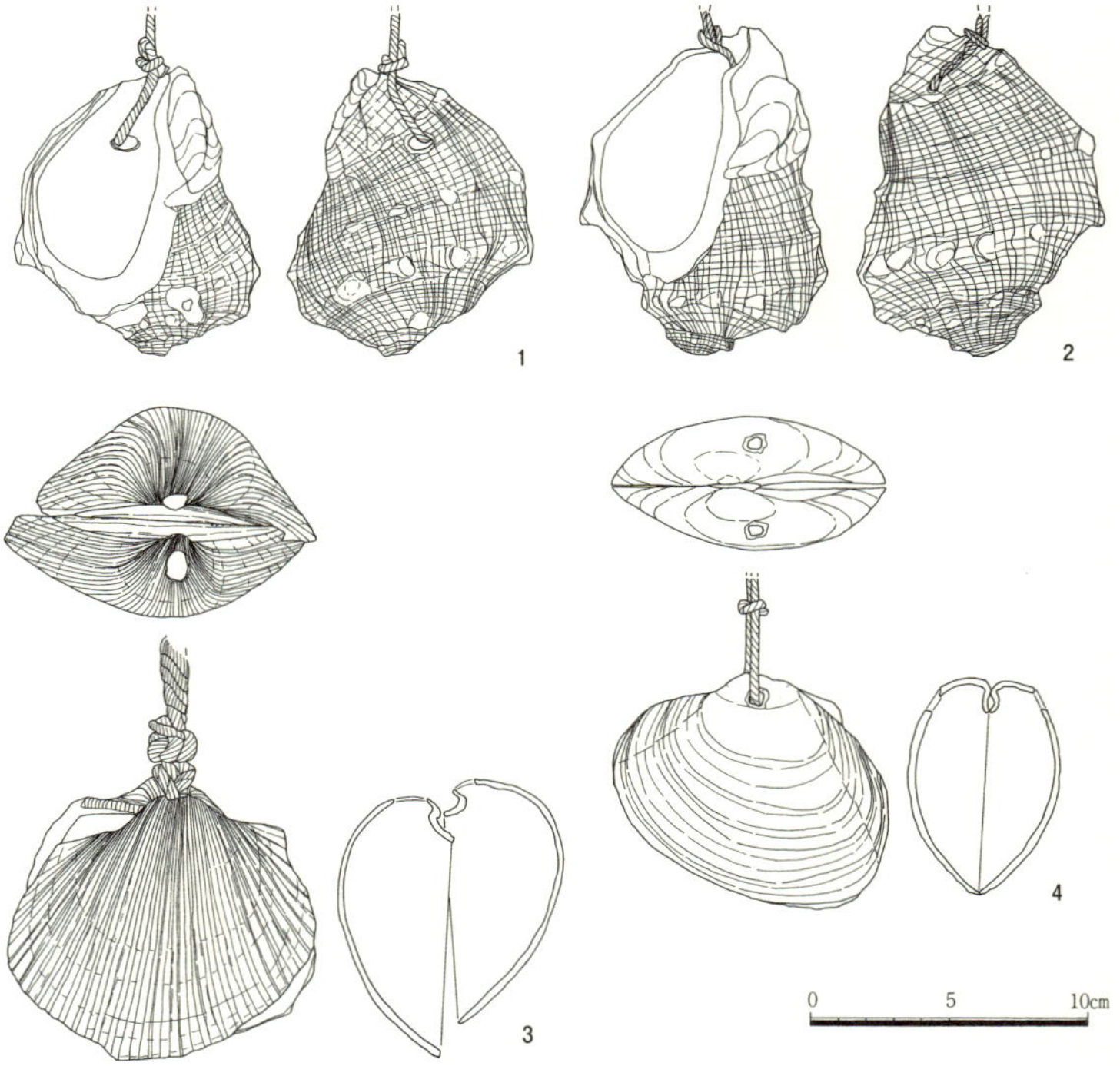

貝製イイダコ壺（西部瀬戸内　1・3－福岡県築上郡椎田町湊、2－山口県宇部市東岐波丸尾崎、4－山口県防府市小田）

明石市江井ヶ島とイイダコ壺を含めたタコ壺を製造する窯業者もいる。本地域を除くと、土製のイイダコ壺は九州の玄界灘側、及び天草湾を除いてはほとんど使用されていない。

区分した三地域、西部瀬戸内、中部瀬戸内、東部瀬戸内の中で、主として貝製を使用する地域は西部瀬戸内の周防灘、豊前海沿岸、中部瀬戸内の塩飽（しわく）諸島、東部瀬戸内の播磨灘沿岸に集中している。

〈西部瀬戸内〉

山口県の周防灘沿岸、福岡県の豊前海沿岸に漁をおこなう所が集中している。

しかし、豊前海側では最近まで漁はおこなわれていたが、そのほとんどが今日では休漁状態となっている。ただし山口県の周防灘沿岸は漁が盛んだ。

ここでは、豊前海と周防灘の二つに区分して見てみる。

——豊前海

福岡県築上郡椎田町湊では、漁は二シーズンに分かれ、シーズンによる漁具の使い分けがおこなわれた。それは、単に貝の大きさの使い分けではなく、三月～八月までの大きいイイダコが土製、九月～一〇月までの小さいイイダコに貝製を使う。獲物の大小による貝製と土製のイイダコ壺の使い分けである。

これは椎田町のみにみられるが、土製のイイダコ壺の利用が圧倒的に多い地域の中で、このような使い分けによって貝製が用いられるのは興味深い。

貝種はサルボウなどの二枚貝を中心とし、テングニシ、アカニシなどの巻き貝などで、すべて地元産である。着装方法は、テングニシは殻口を下にして下げ、二枚貝はカスタネット状にする一般的な方法を用いる。

行橋市簑島では、イイダコ壺にはサルボウを用いている。漁期は三月〜八月、九〜一〇月と同様に分かれて漁をおこなう。イイダコの大小は湊と同じだが、簑島では貝製と土製という使い分けではなく、貝製のみで貝の大小によって使い分けをする。獲ったイイダコは、小さいものはフグ・ハモなどを狙う延縄漁の餌としても用いられている。

——周防灘

山口県の周防灘沿岸では、漁期は一二〜三月にかけての一シーズン漁がおこなわれる。とくに、宇部市東岐波・丸尾崎、防府市小田では盛んである。小野田市刈屋では、数年前までは貝製イイダコ壺も使っていたが、今日では土製イイダコ壺だけである。

周防灘で特徴的なことは、貝製も土製のイイダコ壺に混じって使い、それも豊前海のようにシーズンによる使い分けではなく、海底の底質による使い分けをする。

貝製と土製のイイダコ壺は、海底の底質によって使い分けがされているが、それは漁師自身が漁場で仕掛ける一本の延縄の中でも、漁師の仕掛ける場所に合わせ、土製は砂地、貝製は泥地に使用されるという混在している形をとる。あらかじめ漁師が延縄を設置する場所がはっきりしているので、底質におよそ対応する位置に土製、貝製の壺を結んで漁に臨む。

漁師によれば、イイダコ壺は土製が最もよいが、海底が泥地の場所では、土製のイイダコ壺では重量があり過ぎて泥の中に埋まってしまう。そういう場所に、もっぱら貝製を使うという。

貝種は二枚貝ではウチムラサキやサルボウ、巻き貝はアカニシを使うが、漁師によると本来はサルボウが最もイイダコ壺としては適しているのだという。しかし、最近ではサルボウの貝殻を入手するのが極めて難しい。それで、地元の地先で潜水して大量に獲ることのできるウチムラサキを使いだしたようだ。

宇部市丸尾崎では、漁師四〇名ほどの中で、一五人がイイダコ壺延縄漁をおこなう。沖合一〇mの水深の場所に仕掛けている。


〈中部瀬戸内〉


広島県側でもイイダコ壺延縄漁は盛んだが、貝製は無くすべて土製のイイダコ壺を使っている。

備讃海峡を中心とした岡山、香川両県ではイイダコを含めたタコ漁が今日以上にかつては盛んであった。聞き取り調査によっても、例えばイイダコ漁においても、岡山県倉敷市下津井(しもつい)でもタコ手釣り漁と底曳き網漁、隣接する地域は貝を使うイイダコ壺漁というように、同じ漁獲物に対して漁法を異にする漁村が隣り合って位置している。

このような中にあって、イイダコ壺漁は、備讃海峡の高見島などの塩飽諸島を中心として四国側、本州側で漁がおこなわれているが、休漁となった所も多い。漁師によれば、「この漁は島の漁や」ということになる。

この地域の特徴は、アカニシなどの巻き貝を多く使用することで、これは貝の入手に関係があるようだ。

岡山県倉敷市下津井の漁具を見てみるとアカニシ製で、殻口部の横に円形の孔を開け、周囲を磨いて紐通し用の孔にする。紐は水管溝を通ることなく、殻頂部を下にして殻口部を上に向けて斜めに下げる。紐の長さは一五㎝ほどで枝縄を通して幹縄に結ぶ。貝殻の表面には墨で「小」と書き、持ち主を示している。

また、同市古下津井では、「タコの活け作り」に使うマダコを狙ってタコ壺延縄漁をおこなうが、イイダコ漁もマダコ漁と兼ねている漁師が多い。獲ったイイダコも大部分は食として利用する。

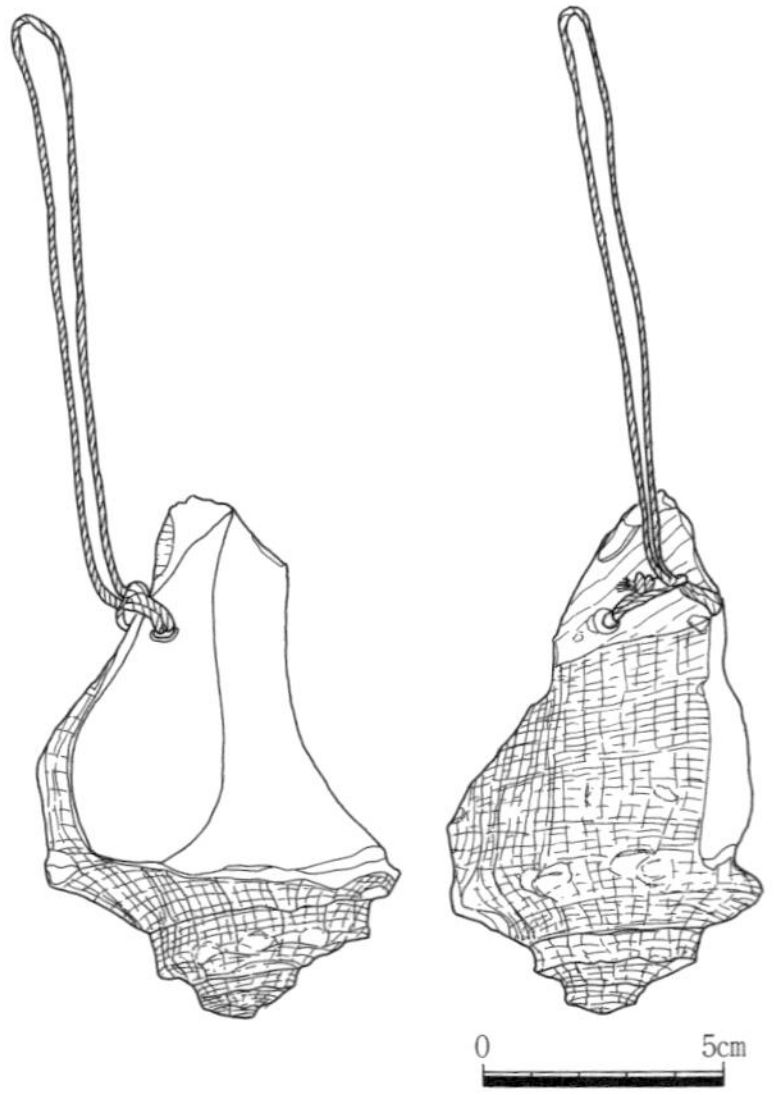

貝製イイダコ壺（中部瀬戸内、岡山県岡山市下津井）

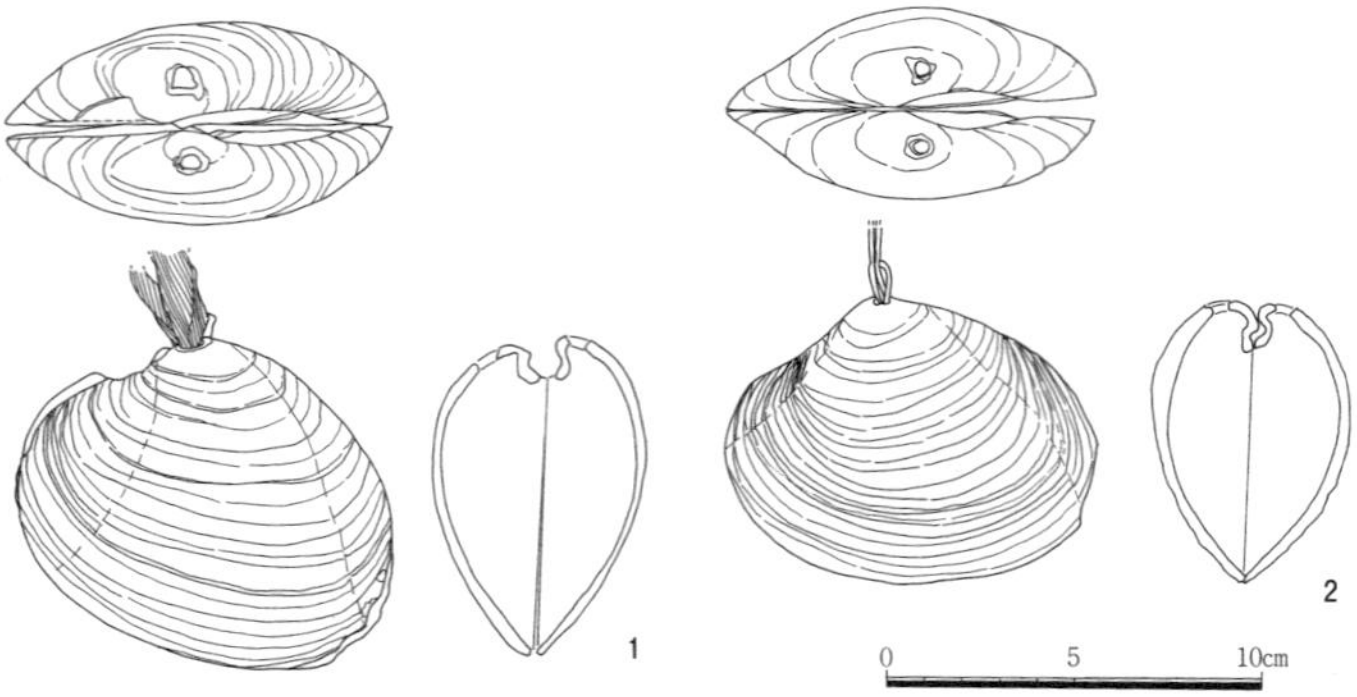

貝製イイダコ壺（東部瀬戸内　1－兵庫県明石市明石、2－兵庫県明石市東二見）

倉敷市下津井

貝製イイダコ壺（倉敷市下津井）

〈東部瀬戸内〉

播磨灘を中心とする地域で、兵庫県明石に代表されるように、イイダコだけではなくマダコを含めたタコ漁が盛んだ。

貝製イイダコ壺延縄漁の壺として使用される貝種は、かつてはアカニシなどの巻き貝が多く使われていたが、今日では二枚貝のウチムラサキが大部分で、特に明石付近では、ウチムラサキを使用するのが一〇〇％といっても過言ではない。

ウチムラサキはカスタネット状にして下げ、貝殻の外側あるいは内側にマーキングして所有者を示しているものも見られる。

明石でウチムラサキを使うイイダコ壺が多いのは、食用目的のためにこの貝を獲る漁師がいるため貝殻を手に入れやすいからだ。これは、西部瀬戸内の場合と同じだ。淡路島では貝種はウチムラサキの他に、アカニシやテングニシなどの巻き貝も使う。

この地域では土製イイダコ壺も使うが、貝製と土製のイイダコ壺の使用条件の違いは、貝製は泥地、土製は砂地という海底の底質の差による使い分けで、これは西部瀬戸内と同じ理由である。

またイイダコ壺に使用するアカニシは、漁具に見合うだけの量を確保するには地域内だけでは都合がつかな

貝製イイダコ壺（明石市東二見）

貝製イイダコ壺とマダコ壺（明石市東二見）

い。それで、貝殻を九州の有明海方面より購入している。また、土製のイイダコ壺・マダコ壺の製造業者は明石市江井ケ島、八木にあって、そこから購入している。

明石市東二見では、漁期は三～五月にかけて、沖合の水深一〇mの場所で漁を行う。ここ東二見では、貝製イイダコ壺延縄漁に従事する漁師の数も多い。

漁師によると、産卵期のメスダコは貝の中に入って産卵し、オスダコは貝殻の外側に絡まっている。だからうまくいけば、一つのイイダコ壺で一度に二匹獲れることもあると言う。獲れたイイダコは「チョボ焼き」などにして食べる。つまり食としてのイイダコの需要による漁だ。

明石市では、明石、東二見というとても近い距離に位置する港でイイダコ漁を行っているが、東二見では食として、明石ではベラを獲る延縄漁の餌としてのイイダコ漁、という違いがある。

v　中華人民共和国―渤海（ボーハイ）

朝鮮半島一帯はタコ壺漁を行っているが、この漁自体戦前に日本から導入された漁ともいわれるが、いま一つはっきりしない。貝製イイダコ壺延縄漁は、日本の中でも盛んな有明海と似た生態条件を持つ地域もあるのだが、漁は行われていないようである。マダコ、イイダコよりも韓国ではテナガダコが好まれてはいるようだ。

ところで、私は残念ながら実見していないが、中国の東北部で漁がおこなわれていることを知った。浙江省科学出版社から一九八九年に出された『中国海洋漁具図集』に漁の図の記載がある。

それによれば、漁が実施されているのは中国河北省の渤海に面する秦皇島（チンホワンタオ）である。渤海は黄海（ホワンハイ）の最奥部にあたり、遼東半島と山東半島に囲まれた内湾で、南は黄河が注ぎ込む。海底の底質も泥地である。

図を見ると、貝は巻き貝であるアカニシ製のようだが、着装は殻口部に孔をあけて紐を通して下げることなく、直接に幹縄を通して下げている。延縄の一端には、延縄の位置を示す旗を立てた浮子と碇用の石を下げて海底に固定している。

延縄の長さは四〇mを少し超えるくらいで、日本のように一kmにも及ぶような長いものではない。

この漁がいつ頃から行われていたのか、問題になるところである。戦前に日本の漁師が伝えたとも考えられるが、生態的条件から考えて、以前からあったかもしれない。

❸ なぜ漁をするのか

イイダコ壺漁を含めて、どうしてイイダコ漁をおこなうのかという動機については、次の二つの理由があげられる。

一つは、イイダコそれ自体を食とするために獲る漁であり、二つ目は他の漁の餌としてのイイダコの需要による漁である。

この二つ目の餌としてイイダコ漁をやるというのは意外だが、実際にはその目的のためのイイダコの需要はかなり高い。

餌として使用する漁は、タイ、ハモ、ベラなどの高級魚を釣る手釣り、延縄漁である。タコの身が固くて魚が食いちぎるのが難しく、時間がかかるため、魚がしつこく餌に食い下がることにより鉤にそれだけ掛かりや

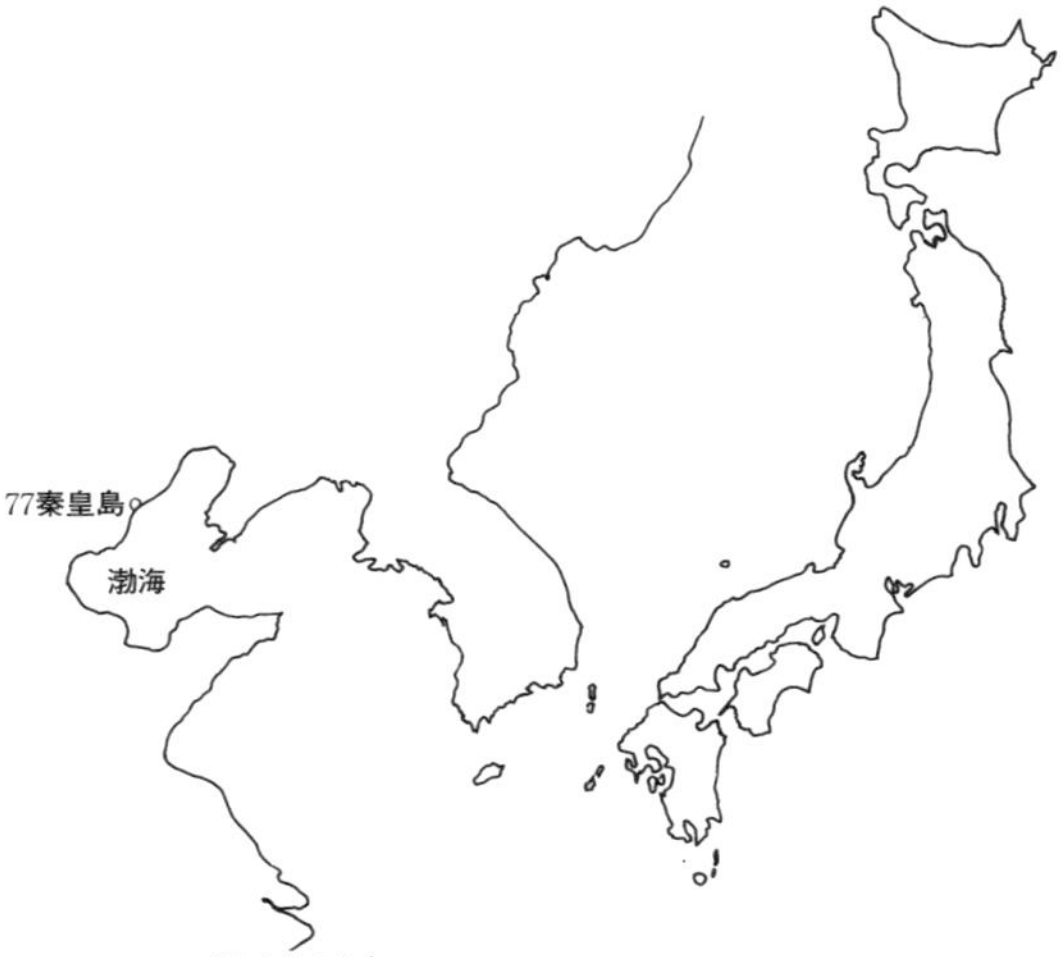

チンホワンタオ
秦皇島位置図（77は29頁の表参照）

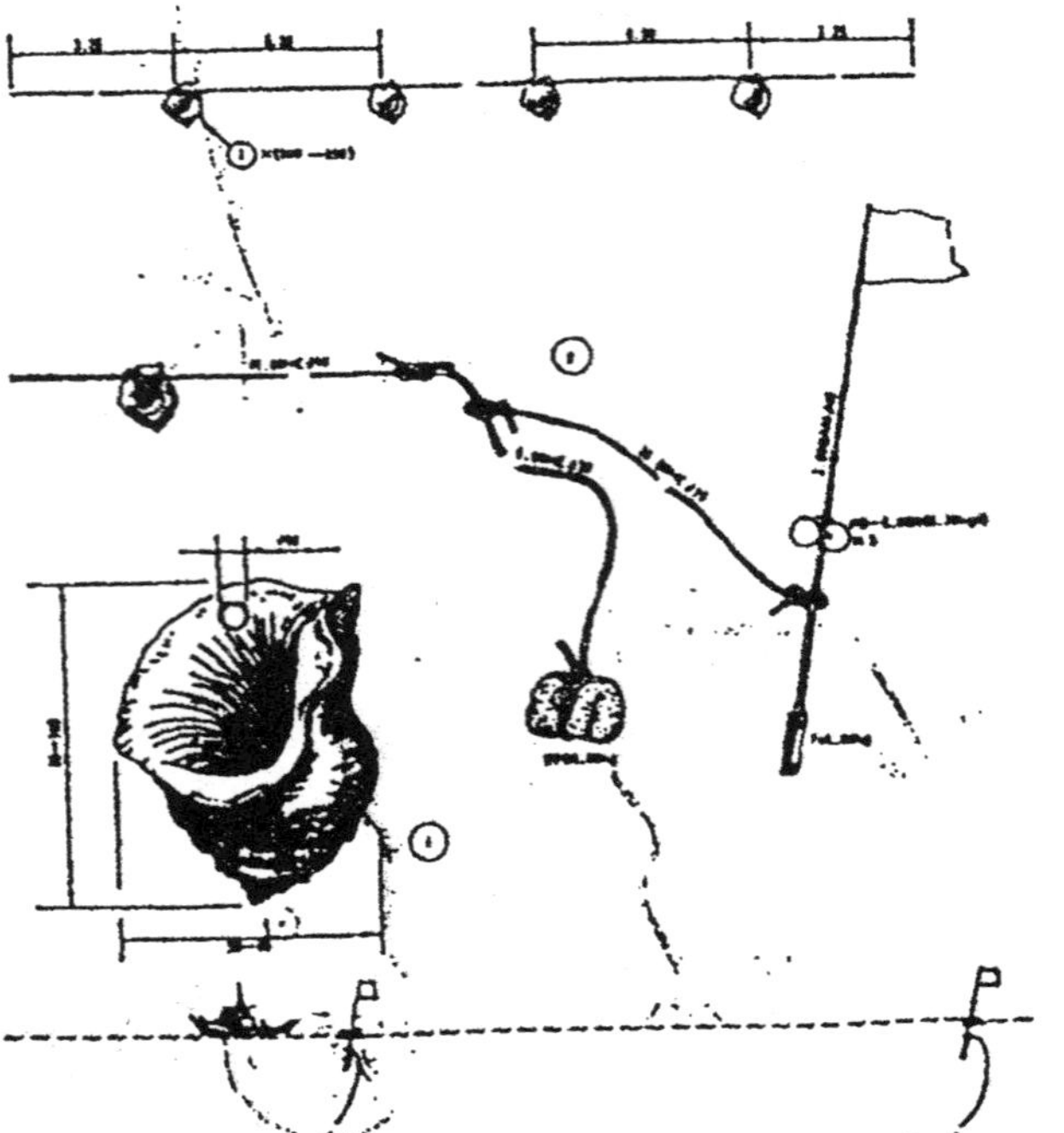

秦皇島貝製イイダコ壺漁の図（中国海洋漁具図集編写編1989より）

すいという利点による。

このような理由によってタコを餌として使用するのは、南太平洋にもみられる。

全体的に見れば、環境の激変によって休漁したのを除くと、漁を休漁とした漁村は圧倒的に餌としての需要によって漁をしていた所が多く、食としての漁をおこなう漁村では、今日も引き続き漁を盛大に操業し続けている。

このことは、食として食べるためのイイダコをとり続ける漁村は伝統を守る傾向にあると考えられる。食文化の伝統性の方がより保守的で基本になるのである。

そうした漁村では、漁におけるシーズナリティも、少なくとも漁師の意識の中では二シーズンに明確に区分され、それに合わせ、漁具であるイイダコ壺の大きさを変え、シーズンを通し、底質に合わせてイイダコ壺の使い分けをするなど、漁への対応が実にきめ細かい。

漁に従事する漁師の数を見ても、餌としてのイイダコを獲る漁村では、鳥取県の賀露のように、一〇〇名ほど漁師がいる中で僅か二名であるように、少数の場合が多い。少人数でも村内の需要はまかなえたと考えられる。餌としての需要は、基本的に同じ漁村内で消費される自給体制で、集団内分業といえるだろう。

食としてのイイダコを獲る漁村では、山口県宇部市東岐波丸尾崎のように、漁師四〇名の中で一五名ほど漁従事者がいるように、漁村内の多くの漁師がこの漁に従事している所が多い。

このように、同じイイダコ漁を実施するにあたっても、漁の目的によって二つのタイプに分けられる。

では、その漁における二つのタイプがどういう背景を持っているのか見てみると、漁村の性格の違いを浮かびあがらせることができる。

イイダコを餌として利用する漁村は概して釣り漁を主体とする漁村である。釣り漁は疑似餌を含めて餌を用いなければならない。通常は一網打尽的な網漁に比較して魚一匹一匹の商品価値の高いものを狙うため特定の魚種への漁の対応がより強く、狙う魚種は多くはない。

それに対し、食としてのイイダコを獲っている漁村は網漁が主体となり、不特定多数の魚種を狙って漁をする傾向が強く、それぞれの漁に集中することなく分散型でバリエーションを持つ漁法を展開する場合が多い。多様化に向かう。

釣り漁、網漁を主体とする漁村という違いはあるが、いずれの漁村でも、地域の沿岸漁撈を主とするものだから、獲物に対するアプローチの違いになる漁民集団の本質的な差であるものと考えられる。

❹ 使う漁具について

漁具における細かな問題について検討してみたい。

この漁の普遍性は延縄状に貝製のイイダコ壺を下げていくということで、やり方としては同じ土製のイイダコ壺、マダコ壺と変わるものではなく、ミズダコを獲るタコ箱もその一変型である。

ただ、上越地方においてはイイダコ漁単独では成立せず、ミズダコ漁のタコ箱に付随的に装着される、という形態をとってはいる。ただこの場合も延縄状に違いはない。

漁具の問題として、まず綱とイイダコ壺の二つの問題を取り上げたい。

延縄の綱は、延縄の幹縄と壺を下げる枝縄とも、かつては藁を利用した藁縄であった。マダコ用も含めて縄は藁を用い、その藁もウルチ米の藁よりモチ米の藁の方がより粘りを持っているため利用された。この縄専門の業者は、玄界灘に面する福岡県宗像市鐘崎にいたようだ。

藁製品は、例えて言うならば今日的には大量生産可能な安価なプラスチック製品であり、耐久性を重んじる第一級の物ではない。使うにあたって一年ごとに取り替えれば良い、という消費財だ。延縄も、本来は藁より強固で丈夫な麻、葛などもあったようだが、それらを使用していたかは、今日では知る由もない。

稲藁使用による縄は絶えず漁の始まる前に新たに用意をしなければならない。農業の機械化、あるいは大規模な機械化により、鎌による手刈りなどで稲刈りをした後脱穀する収穫過程と違い、一挙に籾とする方法に変わったため、藁も細かく裁断され、藁を手に入れることがとても難しくなった。

こうした理由で、聞き取り調査の時点では、本来は藁製であったものがマグロ延縄に使用するナイロン製、あるいは木綿とナイロンの合織が多かった。これになると、耐久性も半永久的になり、毎年縄を作ったり購入したりする手間がなくなり、合理化される。

そのような結果、マグロ延縄が全国的に使用されている。

次にイイダコ壺に使用する貝は、大きくは巻き貝から二枚貝へと変わっている。

また、二枚貝でも他の漁との関係で、例えば山口県防府市小田のように、サルボウを漁に使用するのが最も良いのだが、貝殻が入手しづらいため、この地域の潜水漁で豊富に採れるウチムラサキをイイダコ壺として使うようになったという貝種の変化もある。

巻き貝から二枚貝へと貝種が変わっていく傾向が見られるが、有明海沿岸における漁のように漁業の近代化、機械化に伴い、漁舟の動力を利用して延縄を手繰るため、二枚貝の方が舟上で漁師がイイダコを取り出す作業をしやすく、効率が上がることがその理由の一つである。生産効率化のための貝種の転換ということになる。

今日でも巻き貝製イイダコ壺を多く使っているのは、小舟で手繰りをして壺を引き上げる地域、あるいは二枚貝の入手が困難であるなどで、漁としての近代化が進んでいない所が多い。

また、二枚貝のサルボウを模したプラスチック製のイイダコ壺の使用は、天然の貝が入手しづらいために導入され、多用される場所を検討すると、同じように漁の後発的な地域も多い。

ところで、漁具であるイイダコ壺の貝種は二枚貝と巻き貝に大きく分かれる。

この違いをかつて田辺悟は、巻き貝と二枚貝の両者を使う有明海とその他の地域と分け、その両者がある有明海を文化の繋がりの鎖というように考えて「鎖状連結法」という素描を構築する資料としたが、この違いから漁の文化的な違いを求めることは困難であり、かつ、現実にもそのような違いはないと私は考える。

漁における二枚貝と巻き貝の中の、それぞれの貝種の全般的な傾向としては、二枚貝製の方が巻き貝製より貝種が統一されている。

また、貝種が違っても二枚貝では殻頂部に孔を穿って枝縄を通し、二枚の貝殻をカスタネット状にする。その際に使う二枚貝は同一個体のものではなく、必ず別個体のものを利用するのが基本である。同一の貝殻だと口が閉じてしまい、不都合だとする漁師が多い。これらに違いはなく、普遍的である。

二枚貝における貝種の差をみると、日本海側の北陸以北で使用されるホッキ貝、それより以南はサルボウを使うのが主流となっており、以北のホッキ貝、以南のサルボウとなろう。瀬戸内海は基本的にサルボウ地域だが、その中でただ播磨灘のみウチムラサキを使っている。

巻き貝の場合、取り付け方は二枚貝のようにするアワビを除くと、体層部に貝の身を取り出すために穿った孔を水抜きとして利用し、殻口部を上にして下げるのが一般的で主流である。

ただ、鹿児島湾及び西部瀬戸内海の利用ではテングニシの殻口部に孔をあけることなく、体層部の身取り出し用の孔そのままを利用して殻口部を下にして下げる。これは小型のテングニシを利用するため、このような方法を取るものと考えられる。

また、中には山形県酒田市の例のように、貝に孔を穿つことなく体層部に枝縄を巻いて下げる例もある。

こうした例と違って、巻き貝を使う地域でも、九州の大村湾のように漁を行っている湾岸漁村の全域にわたり、着装に特殊性が見られる。まず枝縄の通し方は夏ダコ用のものは一般的であるが、冬ダコ用のものは殻口部にセメントを付けて重量を持たせ、孔は穿たずに枝縄を体層部にくくりつけている。

このような着装の類例は、大村湾しか見られない。また、この大村湾では、先に述べているようにイイダコ壺はアカニシ、テングニシの巻き貝しか使用せず、壺の使い方とも合わせて極めて特異な地域であり、「大村型」とも呼べるであろう。

他に巻き貝、二枚貝の違いを含めて漁具のバラエティが見られる地域として、日本海側の越前地方がある。本来この地域では二枚貝はホッキ貝、巻き貝はテングニシを使用していたと考えられるが、一般的な貝製イイダコ壺と同時に、塩ビ管を切って本体として貝は蓋状にし、イイダコ壺として使用するものもかなりの割合で使われている。この場合、蓋は二枚貝のホッキ貝であり、貝製イイダコ壺の一変型といえるであろう。

このような漁具はこの地方だけで、また、一帯に見られることから「越前型」と呼べよう。

それから、東京湾ではすべて巻き貝、それもアカニシをイイダコ壺として使用しており、これも「東京湾型」と呼べる。

瀬戸内海東部の播磨灘では二枚貝のウチムラサキを主流に使い、これもまた播磨型と分類できる。

概括すると、西日本は二枚貝のサルボウを基本として巻き貝のアカニシ、テングニシなど、東日本はホッキ貝を主流とする違いが認められる。

その中に、例えば大村湾におけるアカニシ・テングニシ、播磨灘におけるウチムラサキ、東京湾のアカニシなど特定の貝種へのこだわりがあり、地方の一部、及び一個人のレベルでは、鳥取の賀露のトリガイ、山形県の庄内浜のヤツシロ貝など、貝種のバラエティ差が認められる。

イイダコ壺に使う貝が地域によって違う要因として考えられるのは、貝の棲息分布からくる。イイダコ壺として使う貝は基本的には地元産のもののため、まず大きく東日本と西日本の違いが表れる。また、特定の貝種が地域ごとに、また、取り付け方法の違いに差が出てくるのは本来地元産の貝を、その海域を考えて効率良く使おうとすることによって起こると考える。

❺ イイダコ壺の文化論

貝製、それから土製を含めたイイダコ壺延縄漁においては、漁具であるイイダコ壺の材質からおよそ次の三種類に分けられる。
・貝製イイダコ壺
・土製イイダコ壺
・竹、空き缶など雑多のイイダコ壺
これらの中で圧倒的多数を占めるのは貝製、土製である。

土製イイダコ壺は、日本海側では博多湾を含めた玄界灘沿岸、鳥取の米子周辺を除けばほとんど使用されてはいない。

使用地域は大阪湾を含めた瀬戸内海沿岸全域、玄界灘から東シナ海に廻って天草湾にまで及んでいるが、中心は瀬戸内海沿岸一帯であり、沿岸域にはマダコ壺と共にイイダコ壺を製造する業者も多い。

また、土製のイイダコ壺を使用する地域では、大形のマダコを対象としたタコ壺延縄漁がおこなわれている地域が多い。

今日でも土製のイイダコ壺しか使わない地域は、九州の唐津湾周辺から玄界灘を通って、瀬戸内海沿岸地域で点々として存在する。これも考古学的資料とまったく同一の様相を示している。

貝製イイダコ壺は、身を取り出した残りの貝殻を再利用したものだから、考古学的にはなかなか確認できないのだが、有明海沿岸に展開する弥生時代の遺跡からアカニシ、サルボウ製のものが確認され、今後資料が増加する可能性も高いと考えられる。今日でも土製を使用しない地域である有明海沿岸で、貝製イイダコ壺が確認された意義は高い。

このような貝製と土製のイイダコ壺の差は、生態学的条件にも関係している部分がある。土製と貝製を併用する地域では土製は海底の底質が砂地、貝製は、同じく泥地の場所で使用され、それぞれの生態学的条件に合っている。

貝製、土製イイダコ壺分布図

この底質の差が、例えば九州の有明海沿岸のように深い泥地の多い場所では、貝製のイイダコ壺がほぼ一〇〇%を占める、ということになる。また、日本海側で泥地が少ないにもかかわらず、貝製イイダコ壺が使用されるのは、日本海は波が荒いために土製のイイダコ壺は破損しやすく、使用に向かないということで貝を用いる。

貝製、あるいは土製に特化することなく雑多のイイダコ壺を使う漁村も点々とあるが、このような漁村はイイダコ壺延縄漁を熱心には行っていない所も多い。

あえていえば、漁の周辺地区と呼んでも良いだろう。周辺地区であるがゆえに、イイダコ壺には貝製、土製の漁具を使用するという文化的な規制も、やや緩和されているのではなかろうか。

イイダコ壺延縄漁において、普遍性をもちながら、様々なレベルで差が認められる。その差が最も大きいのは貝製と土製のイイダコ壺の差である。

さて、イイダコ壺漁に関して最も大きい差である土製と貝製の分布の差を見ると、大きく東シナ海側九州から玄界灘を通って日本海に沿って北上する地域、瀬戸内海沿岸から玄界灘を廻って天草湾までの地域と二つの様相が認められる。

この二つの最も大きな様相の差は、考古学的な出土遺物から見ても差がある。日本内における漁撈文化の違いから生まれており、それが今日の漁撈にも反映しているのではなかろうか。

本来、イイダコ壺は貝殻を使うのが基本で、土製を使う方が特殊な利用なのだ。繰り返すが、分布上から見ても天草湾、玄界灘、瀬戸内海沿岸地域と重複地域があるものの、明らかに差を示す。

それからいくと、瀬戸内海沿岸を中心とする一帯は、土製のイイダコ壺を使用する特殊な地域であり、他の要素が加わった結果ではないかと考える。それは、製塩土器の存在、また、イイダコ壺より大形のマダコを対象とするマダコ壺とも組合わさっている問題と考えられる。

これは漁具の問題、それから生態学的な差と合わせて、人間側の主体的な選択の結果であり、地域単位を越えた文化の差であろう。

貝製イイダコ壺に利用する貝種の違い、同じく壺の取り付け方の違いは、それぞれの個別の地域における生態学的条件に合わせた、地域的な特徴と認められよう。つまり地域文化なのである。

タコを獲る漁法としては様々な漁があり、他の漁が広範囲に広がりを持っているのに対し、タコ壺延縄漁は地中海地域のガーベス湾、地中海地域の延長とも考えられるポルトガルの大西洋岸、東アジア朝鮮半島近海、九州、四国、本州の日本列島を中心とする地域でしか見られない。

その中でイイダコを獲るイイダコ壺延縄漁は、より狭い地域でしか漁は行われていない。こうしたことから、この漁は日本独自の漁法の一つであるといえるだろう。

土製イイダコ壺と貝製イイダコ壺

イイダコ壺漁は、出土遺物の点で土製イイダコ壺が注目をひき、多くの人たちの研究がある。考古学的には、

主要出土遺跡
1. 田山遺跡
2. 池上遺跡
3. 脇浜遺跡
4. 湊遺跡
5. 玉津田中遺跡
6. 下川津遺跡
7. 松山古窯跡
8. 天観寺山窯跡群
9. 姪浜遺跡

製造業者および漁港
a．呼子港
b．鹿島
c．富岡
d．磯山
e．山陽小野田
f．安芸津
g．多度津
h．江井ヶ島

主要タコ壺関連地図

イイダコ壺は普遍的なもので土製品というイメージが強いのではなかろうか。

ただし、今日の漁を見る限り漁具としてのイイダコ壺は貝製を使う地域が汎日本的に広がって圧倒的であり、実は焼き物である土製品を使用する地域のほうが特殊で限定性をもっている。

土製イイダコ壺の出土地域は、瀬戸内海最奥部の大阪湾から西に播磨灘、備讃海峡、周防灘、豊前海という瀬戸内海沿岸地域、西に延長して、九州の玄界灘側の博多湾岸から唐津湾にかけての一帯が、これまでに知られており、有明海沿岸では出土していない。

つまり、基本的には瀬戸内海沿岸地域一帯とその周辺、いわゆる廻廊沿いの地域ということになろう。

今日の大阪湾東岸地域は工場地帯でかつての漁の面影はなく、僅かに淡路島近海で漁がおこなわれている程度だ。だが、考古学的な出土遺物においては、この地域の土製イイダコ壺の出土量が圧倒的な割合を占め、次いで播磨灘の出土量が多く、土製イイダコ壺を使用する漁のセンター的な性格を持っている。

❶ タコ壺づくり

漁具も含めて道具というのは製作者と使用者がいる。様々な道具においてはこれを兼ね備えていることも多いが、タコ壺では分かれている。ただし、細かいパーツなどは独自に考案したものも多い。

まず、タコ壺製作者側からの話を聞くことにしたい。使用者の漁師とはまた別の意味で、こだわりを持つ。製作者としてどの点が意味をもつのか、どの点を重要視しているのかを知ることができる。

今日、タコ壺を作っているのは専門の窯業者だが、地域にタコ漁をする漁村があること、壺作りのための粘土が豊富にある、などの条件を満たす地でタコ壺製造はおこなわれる。壺はもちろん地元にも供給するが、求めに応じて各地に出荷している業者も多い。

瀬戸内海沿岸では、西から山口県小野田市、同じく宇部市、広島県安芸津、香川県宇多津、同じく多度津、兵庫県明石の江井ヶ島などでタコ壺作りの窯業者が操業をしている。いずれの地域もタコの産地として知られる。

山口県山陽小野田市は、古墳時代の須恵器の窯跡である松山古窯跡遺跡が発掘され、イイダコ壺も出土するなど、古代からタコ壺作りが盛んな地なのだが、直接的な系譜は江戸時代に皿山で窯が開かれたのが始まりだ。この地域でも三〇軒ほどの窯元があって、全盛期にはすべてタコ壺を作っていた。ここで紹介する松井製陶所は、昭和六年、松井松庵が開いた製陶所である。

以下は、今のご主人に聞いた話をできるだけ忠実にまとめたものだ。ここではマダコ壺、イイダコ壺の両者を製作している。話は両者ともに含めている。

タコ壺作り・乾燥（広島県安芸津）

舟に積まれたマダコ壺（広島県安芸津）

タコ壺作り・窯（広島県安芸津）

タコ壺作り・成形（広島県安芸津）

松井製陶所

タコ壺作り・乾燥（広島県安芸津）

《タコ壺作りでいちばん難しいのは、海底に向かって、口がちゃんと横に向かなければならないことだ。それには、「スタイル」が大事だ。へたくそな人が作ると、タコ壺は横に向かず、海底に立ったままになっていることもある。

この近くでは、平川さんという、タコ壺作りの名人がいた。他の壺にタコが入らなくても、絶対に彼の壺にはタコが入った。

自分もタコ壺作りを始めた頃、壺を造るため廻すロクロの水引の目が均等に入るように、と父親によく言われた。「こんなのは簡単だ」と思っていたが、自分でやるとこれがなかなかうまくいかない。

漁師がマダコ壺を仕掛ける漁場は、「アジロ」と呼ぶクジによって、毎年秋に決めた。だから、その年、その年によって、仕掛ける場所は違ったのだが、漁師は自分好みの壺をもっていた。

ここの辺りでは、とくに丸尾崎の漁師は、タコ壺作りに何かと注文が多かった。イイダコ用でも「自分の壺」のイメージをしっかり持ち、この規格通りに作ることを要求した。ちょっとでも違うと、一cm足る、足らないとずいぶんと文句を言われた。自分は注文があって、「どこそこの誰だ」と電話口で聞こえると、それだけで形を思い浮かべることができたものだ。

個人の好みは、「スタイル」「壺のカーブ」だ。それから「口の形」で、これが違う。ほら、こんなに違う。

マダコ壺一個を作るのに、材料の粘土が七~八kg、イイダコ壺で〇・七kg前後は必要だ。これで、一人の漁師がマダコ壺で七〇〇個前後、イイダコ壺で五〇〇〇個前後は使うので、一セット発注となると大量の粘土が必要となる。いくら粘土の在庫があっても、足りなくなってしまう。

自分達の仕事で粘土を一番使い、かつ必要なのは、マダコ壺作りであった。これはとても粘土を使い、六tもの粘土が要る。自分のトラックが三tから五t、そして六tへと大きくなったのもこのためで、原料の粘土を運びきれないためどうしても買い換えることが必要だった。

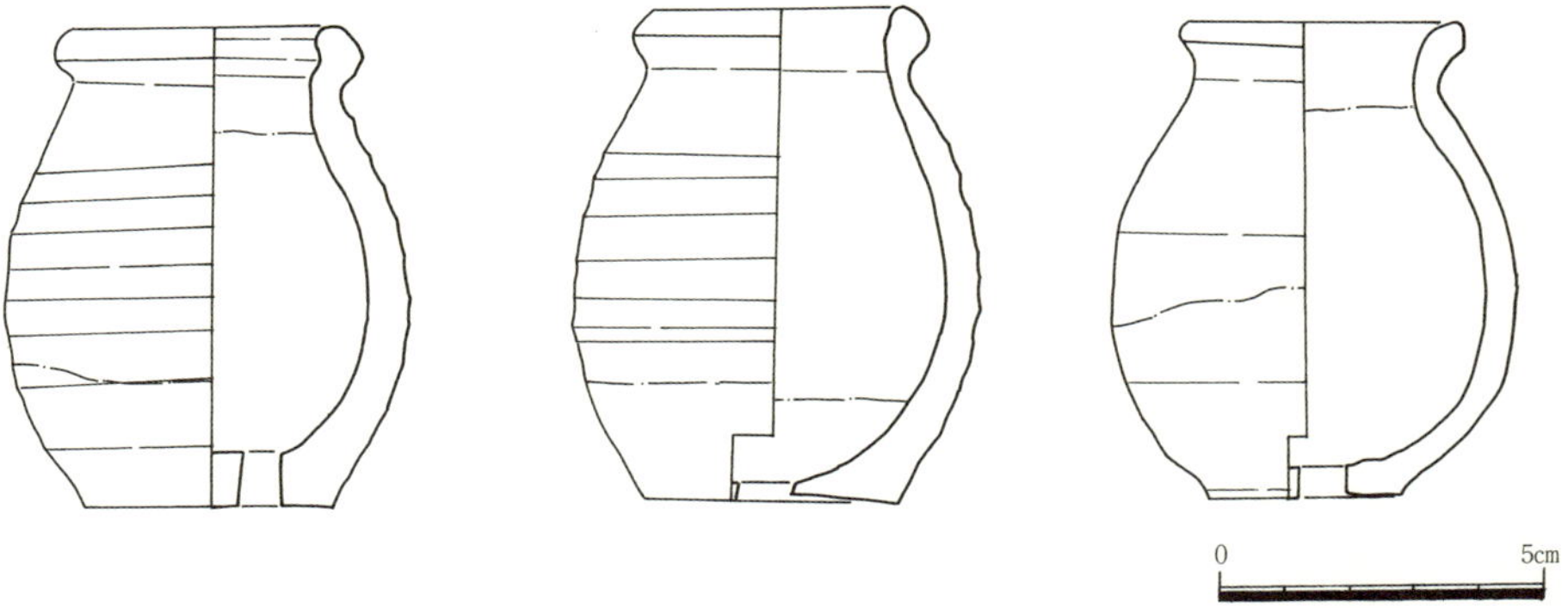

松井製陶所イイダコ壺数種

粘土は近くで採れる粘土を使う。「粘土はひとつの物を使うな」、と言うのは鉄則だ。ここでも一、二、三と層を成して粘土があるが、それぞれの性質は違い、適宜混ぜて生地とした。

そして、注文が入ったらストックしていた生地を取り出してタコ壺作りをした。今は型作りだが、以前は、「手づくり」と呼ぶ轆轤(ろくろ)によって、イイダコ壺で一人あたり一日一〇〇〇個ほどは作った。

タコ壺は消耗品で、大量に作る割には安価であって、それぱっかり作っていてはなかなかやってはいけない。しかし、馴染みの漁師から電話があると、無碍に断るわけにもいかず、他の発注品の中に混ぜて焼いている。実際、タコ壺はあまりお金にはならないが、壺を漁師の所に持っていくと、獲れた魚などをたくさん貰えるのがとても嬉しくて、楽しみながら焼いている。

マダコ壺、イイダコ壺はむろん地元の漁師にも出しているが、長崎県の対馬・壱岐、それから松浦市の御厨、福岡市の志賀の島、宗像市の鐘崎・大島、あるいは豊前海周辺、宮崎などに出した。水産会社から頼まれアフリカに出荷したこともある。

自分の所でも、何人もの職人が働いていてタコ壺を作っていた。ここの窯の特徴は、「シメ」にある。壺をこういう風にポンポンと叩いたら、硬い音がするのが特徴だ。自分の所で出したものはすべて松井製陶所なのだが、個々の職人によって「癖」があった。自分は壺を見れば誰が作ったか一目でわかる。

タコ壺もどうしたらタコが入るのか、と自分なりに考えた。そのひとつとして、壺の中まで釉薬を掛けるとタコが滑って嫌がるからと思い、自分の所では中に釉薬を掛けることはしない。それと、底部にある水抜き用の孔の位置も大事な問題だ。タコ壺が海底に置かれて横に転がって、口から入った水が底部から抜けるようにすると、新鮮な水が常に壺の中に入ってくるので、タコが好む。そのために、底部の端に孔を穿つようにする。しかし、ときどき忙しすぎて、孔を底部の中央に穿つことも多い。ほら、この壺も忘れてしまった壺だ。

このイイダコ壺は、孔を開けるのを忘れたのではなく、塩辛を入れる壺として発注があったので、形はイイダコ壺だが、塩辛壺として作っている。

今は、そこまで細かく作ってはいられないが、昔はセツボ（砂地用）、ヌマツボ（泥地用）とがあり、それぞれ作り分けをした。セツボはスリムにして、波を受けて転がらないようにし、ヌマツボは丸く作り、泥が壺の中に入らないようにした。マダコ、イイダコも同じだ。

台風前になるとタコ壺の注文がどっと押し寄せてくる。荒れ模様の天気が、タコ壺漁には都合がよい。今年はタコが豊漁だ。

この製陶所は、自分達で三代目、息子も受け継いでくれて四代目になった。タコ壺作りというと、何かタコのイメージからかどうかわからないが、わりとバカにされて軽く見られることが多く、自分も父親から教えてもらっていた頃は、この仕事が嫌で嫌でしようがなかった。

でも今は、自分は「タコ壺作りが上手だったら何でもできる」という自負を持っている。なぜなら、タコ壺は自然の生き物であるタコを相手にする。自分がいくら気に入った壺を作っても、タコが入らなかったらおしまいだ。

最近、ときどき人が訪ねてきてはタコ壺を手に取って「これは芸術品ですね」と言われることがあるが、そういう壺は得手してタコが好まないことも多いようで、タコ壺としては良くない。

作っていてもタコ壺作りは楽しい。これが今も止められない理由だ。》

以上が嬉々として語ってくれた彼の話だが、タコ壺作りがどのようなものか、およそ壺造りの概略をつかめるのではなかろうか。

❷　形の意味と歴史的な移り変わり

形は何かの意味をもつものだが、イイダコ壺も形によって幾つかに分けるという議論は多くの先学から提起され、それなりに意義はあると思うが、私はイイダコ壺の分類は、今日までの使い方、あるいは今日までの壺の歴史的なことも考えて、およそ次の四つにまとめることが可能であると考える。

Ⅰ類――円筒型で、口縁部下に縄通し用の孔をもつ（七四頁の図）。

Ⅱ類――鉢型。Ⅰ類に比べて短い。円筒型に近いものから鉢型のものまでバラエティがあるが、器高が低いのが特徴的である。また、孔は数カ所あり、水抜きとしても使用されたと考える（七七頁の図）。

Ⅲ類――釣り鐘型で、釣り手部を持ち、底に孔をもつ（七〇頁の図）。

Ⅳ類――瓶型で、底部に、一般的には水抜き用の孔をもつ（六五頁の図）。

以上の四つに分け、それぞれの中で、マダコ壺と同じように胴部が膨らむもの――A、胴部の膨らまないもの――Bと二つの小分類に分けることができる。

このA・Bの分類は、マダコ壺で述べているように、今日の使い分けの点から、

A＝セツボ――海底の底質が砂礫質の場所に使用するもので、全体のプロポーションは胴部最大径は小さくてスリムである。

B＝ヌマツボ――海底の低質が泥地の場所に使用するもので、泥が壺の中に入らないよう、全体に膨らみをもつもの。

にそれぞれ対応できる。これらの差は時代にはあまり関係がない。

Ⅰ類～Ⅳ類という四つの分類の中でバラエティに富むⅡ類を独立させたのは、このタイプの壺が周防灘沿岸で特徴的で、時期的にも地域的にも特殊性が見られるからだ。また、これまで検討されていなかったⅣ類は今日の漁で多数を占める瓶型のイイダコ壺である。私は、このⅣ類を設定することによって、イイダコ壺の脈絡をたどれると考える。

イイダコ壺のそれぞれの分類についてみると、まずA・Bの小分類は底質の差を反映し、普遍的な違いということを理解した。次に、Ⅰ類～Ⅳ類を考えてみる。

まず、Ⅰ類のイイダコ壺は、口縁部の下に穿った孔に紐を通して海底に下ろす。この孔に紐を通した場合、イイダコ壺はやや斜めになって海底に下りてゆき、海底では横倒しになって獲物のイイダコが入るのを待つ。引き上げて回収するときは、水抜き専用の孔はないが、口が斜めになるので、ここから水を出すことができる。

Ⅱ類はバラエティに富んでいるが、口縁部下の孔に紐を通して下げたと考えられる。また、Ⅰ類と違い水抜き用の孔を持つので、壺を手繰る場合、水を出しやすかったと考えられる。

Ⅲ類は、Ⅰ・Ⅱ類とまったく異なった形態だ。釣り手の部分の孔は紐通し専用となり、これに紐を通して口を下にして海底に下ろす。釣り手の部分はイイダコ壺の中心部の上に位置し、そのまま下ろすと、海底に口が塞がったまま直立してしまうと考えがちだが、潮の流れなどにより、海底では、Ⅰ類のイイダコ壺と同様に口が横に向いて接地する。

ただ、延縄を手繰るときは、他のイイダコ壺と違い口が下に向いて上がっていく。そうすると、中に入ったイイダコが逃げるのではないかと思うが、イイダコは壺にしっかりと密着し、逃げ出すことはない。これは貝製イイダコ壺でもまったく同じで、二枚貝製のイイダコ壺も口は開いて下を向くが、イイダコはしっかりと足を使って貝殻を押さえる。

ただ、マダコ壺などではタコを取り出すのに一苦労をする。しっかりと壺の中で張り付いてしまった場合引き出しにくいので、水抜き用の孔から塩、灰を入れたり、空気を入れたりして取り出す。

最後にⅣ類である。Ⅳ類は口縁部下に孔をもっていないので、紐をしっかりと頸に廻して片側で結び、そして下げる。そのため海底に下ろすときは、Ⅰ類と同じく壺の口が斜めに下がったまま海底に着き、底で横になる。延縄を手繰っていくときは、水抜き用の孔が底部にあるので、Ⅰ類に比べて壺を回収しやすい。

マダコ壺では、壺をひっくり返して底部の孔に縄を通す例もあるが、イイダコ壺ではそのような使用例はない。こうするとⅢ類同じような形となる。

今日までのところ時期的に現在最も古く遡るイイダコ壺は、大阪湾に面する堺市菱木下遺跡出土のものでⅠ類のBタイプで、時期は弥生時代中期初頭と考えられる。中期中頃になると、出土する遺跡の数も増え、大阪湾岸では大阪市亀井、播磨灘では加古川市東溝などの遺跡が上げられる。

後期になると、分布が拡大し瀬戸内海中部、四国の愛媛県北条市上難波南古墳群からの出土が知られ、終末から古墳時代初頭では九州の博多湾岸の福岡市多々良蔵ノ元、箱崎、西新、姪浜、有田、下山門遺跡などから発見されている。

これらの出土遺物はすべてⅠ類であるが、A・Bをすべて含んでいる。

このように土製のイイダコ壺は、大阪湾岸から拡がっていったものと判断される。

以後、古墳時代へと展開していくようだが、古墳時代後期になると、地域的な特徴が出てくるようだ。

この時期になって初めてⅡ類の短形型、Ⅲ類の釣り鐘形が用いられ始める。大阪湾岸では古墳時代に朝鮮半島から伝わった登り窯で焼成する灰色をした須恵器を造る陶邑（すえ）古窯跡（こようし）群で釣り鐘形のイイダコ壺を大量に製作するようになり、平安時代まで製作を継続してきた。また、須恵器と同じ形をした伝統的な赤焼けをした弥生時代からの弥生土器の系譜をもつ土師器も出土するし、播磨灘・備讃海峡の地域でも、同じ形態をした土師質のイイダコ壺が現れる。

瀬戸内海の西部、周防灘ではこの時期、山口県山陽小野田市にある松山古窯跡遺跡から、Ⅱ類のイイダコ壺が出土している。また、窯跡近くの海岸では、須恵質のものだけではなく、土師質のこのタイプのものが大量に表採されている。焼き物を造る生産遺跡であることから、イイダコ壺製品を供給していたであろうと考えられる。

対岸の豊前海に沿う北九州市の天観寺山窯跡群からも、同じⅡ類の須恵器質のイイダコ壺が出土する。豊前市の赤熊花の木遺跡では、古墳時代初頭の住居跡より、四〇〇個の大量のイイダコ壺が出土した。すべてⅠ類で、比較的小型である。

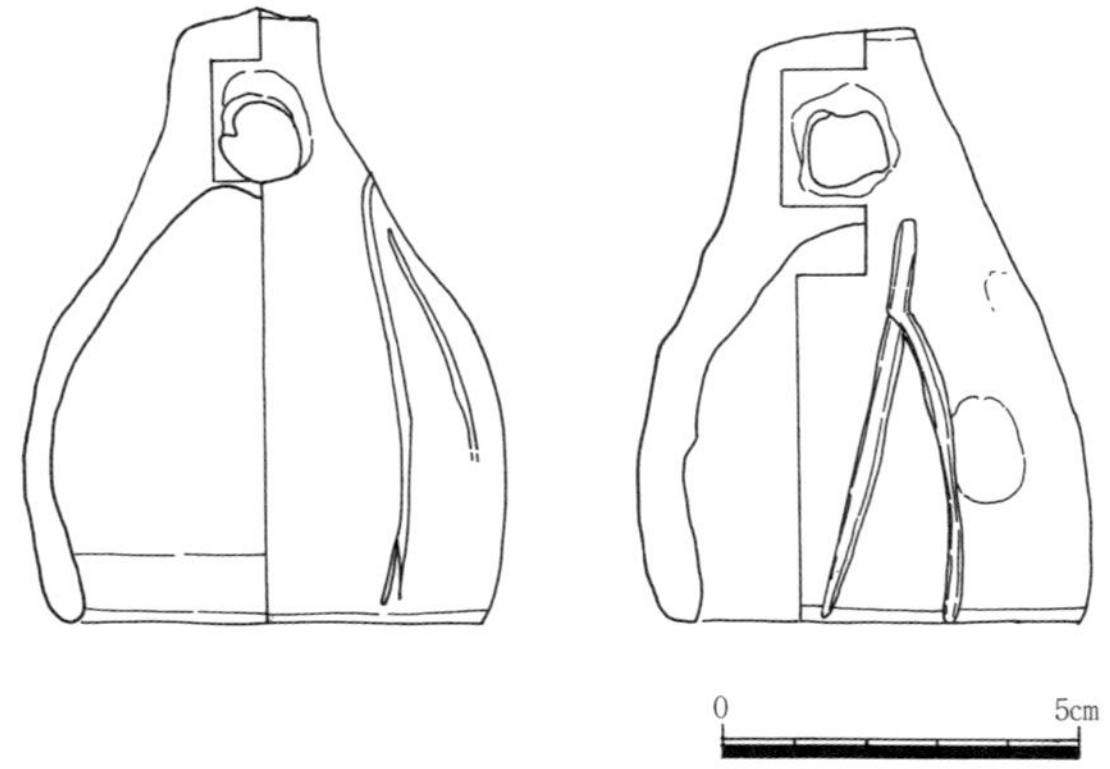

香川県坂井出市下川津遺跡出土の土製イイダコ壺

土師質であるⅡ類は口縁部と底部の両方に孔を穿ったものが同じく葛原、長野遺跡から出土している。これらのイイダコ壺は、いずれもⅡ類で、釣り鐘型であるⅢ類のイイダコ壺はない。

古墳時代後半以降主流になるⅢ類の釣り鐘型は、大阪湾は別として、今日でもこのタイプを使っている地域を見ると明石、備讃海峡といずれも名だたる潮流の激しい場所だ。このような場所で漁をするにあたって、適したイイダコ壺と考えられる。

古墳時代後期以降は、大阪湾、播磨灘、備讃海峡とも釣り鐘型のⅢ類に転換し、今日までに続く。播磨灘に面する明石市のタコ壺製造業者も、Ⅲ類と同じような形のイイダコ壺を製造している。

弥生時代終末になって、初めてⅠ類のイイダコ壺が出土する博多湾では、この時期にいたっても、Ⅰ類のイイダコ壺をそのまま使用し続ける。すべて土師質で、須恵器のものの出土はない。

同じく瀬戸内海沿岸でも西部の周防灘、豊前海、唐津湾では円筒型のⅠ類を継続して使用し続け、釣り鐘型のⅢ類は採用されることもなく、今日でも瓶型のⅣ類を使っている。

つまり、古墳時代以降、Ⅰ類・Ⅱ類のイイダコ壺が使用される地域はⅣ類のイイダコ壺が、その他の地域はⅢ類のイイダコ壺が使用され、それが今日まで続く。

Ⅰ類・Ⅱ類のイイダコ壺とⅣ類のイイダコ壺は、漁具の使い方も基本的には変わらない。Ⅰ類にあった口縁部下の縄通し用の孔が、Ⅳ類では孔を用いず、口縁部にタガを作って紐をその下に廻す。そして、底部に水抜き用の孔をもつという違いがある。

つまりこのことは、Ⅰ類は孔の部分が弱点で、ここから壊れる場合が最も多いようだ。また、水抜き専用の孔も持っていない。この欠点を補ったのがⅣ類のイイダコ壺で、Ⅰ類の欠点を補った延長上にある。技術的にも、発想も延長上にあると考えられる。

Ⅱ類のイイダコ壺は着装も口を上、あるいは下に向けるという融通さがあり、Ⅰ類とⅢ類の両面を持つ。また、Ⅱ類は豊前海、周防灘の瀬戸内海西部を除くと、大阪湾の大園遺跡のみからの出土で、古墳時代後期から出現する。

では、Ⅲ類のイイダコ壺の出現はどのように考えられるのであろうか。

Ⅰ類の欠点として孔の部分が弱く、かつ水抜きの孔がないが、Ⅲ類はこの欠点を克服している。つまり、縄を通すための部分は独立して厚く作り、そこに縄を通す。また、水抜きは口を下にして着装するために必要ではない、という二つの利点がある。

それからイイダコ壺の製作上の点だが、古墳時代後期以降、大阪湾では陶邑古窯跡群で焼かれ、これは須恵器である。須恵器は登り窯で高温の還元炎で焼成するのが特徴である。この場合、従来のⅠ類のような形態の円筒形では無理があるのかもしれない。Ⅱ類のような短形になると、須恵器でも使用可能なイイダコ壺ができる。

この二つの点から、円筒形に釣り手の部分を取り付けたⅢ類が登場したと考えられる。

最も新しいタイプのⅣ類の出現時期は、マダコ壺から考えて古代後半には現れたと推定される。瀬戸内海西部、それから博多湾岸では今日ではⅣ類の瓶型が主流だ。これは、そのままⅠ類の円筒型を引き継ぐ。円筒型のⅠ類にタガを付け、底部に孔を穿つとⅣ類になる。Ⅰ類とⅣ類を比較すると、頸から下はほぼ同じ相似形を持つことが理解できる。

このように、土製のイイダコ壺は、大阪湾岸を中心として瀬戸内海沿岸から各周辺に広がったが、瀬戸内海西端の周防灘、及び延長上の博多湾岸ではⅠ類からⅣ類と展開し独自性を持つ。

❸ 漁の実態

土製イイダコ壺は出土点数が多く、使用状況を想定できるような出土資料も見られる。

例えば、播磨灘に面する兵庫県神戸市玉津田中遺跡、同じく溝の口遺跡、桜ケ丘B地点遺跡などが上げられる。溝の口遺跡は四個、桜ケ丘B遺跡九個、それぞれ住居跡内から一緒に出土した。

玉津田中遺跡では、イイダコ壺だけが出土する場所が二基見つかったが、個数が確認できるのはその内の一基で、総数七〇個前後になることが知られる。土壙は、漁に使用する壺を収納していたと所だと考えられ、その上に本来は何か被せていたのかもしれない。

今日のイイダコ壺延縄漁では、幹縄の長さ四〇尋（約六〇ｍ）で、一尋（約一・五ｍ）間隔で枝縄に壺を着装すると、一本の幹縄に四〇個程度のイイダコ壺を下げ、通常の漁では、こうした幹縄を数十本ほど繋いで使う。

住居跡からの出土状況を見ると、弥生時代中期の例の他、弥生時代後期終末の池上口ノ池遺跡より二四個まとまっている例がある。西新遺跡でも、古墳時代初頭の数軒の住居跡から最大六個のイイダコ壺が見つかっている。

古墳時代後期の例では、西新遺跡から数㎞西の姪浜遺跡の住居跡から九個のイイダコ壺が出土し、桜ヶ丘の住居跡と同じ個数だ。

このようなことから、幹縄には最大で九個前後のイイダコ壺を着装していたのではないかと考える。つまり、九個でも縄を手繰るという動作をする以上、漁の効率から考えて、下げる間隔は今日の例とそう変わらないはずだ。そうすると幹縄の長さは一五m前後、即ち一〇尋になる。これ一本くらいは住居跡内にも収納が可能である。もちろん、これは最小単位であって、今日の例のように数本連結する場合も考えられる。

一般的には、この程度の漁がおこなわれていたのではないか。

そして、例えば玉津田中遺跡の例、あるいは池の口の例は一本の幹縄を数本繋いだものと考えれば納得がいくのではなかろうか。

それでも、玉津田中遺跡の例のように、七〇個ほどのイイダコ壺を下げるとなると、幹縄の延長は一〇〇mを軽く越す長さになり、これが最大規模ではなかろうか。この程度の長さを網漁で比較した場合には、村共同でおこなった地曳き網程度の規模のものとなろう。

福岡県行橋市の豊前海に面する赤熊花の木遺跡では、住居跡から四〇〇個も出土している。このような数の出土は初めてだが、機械化していない漁をみると同規模だ。少なくとも古墳時代初頭には、同様な規模の漁もあったと判断される。

イイダコ漁は基本的には数名程度、つまり家族単位で操業可能な刺網の規模に相当すると考えられ、個別の漁撈として成り立ち今日でも同じような操業形態をとる。

❹ 出土遺物の紹介

土製イイダコ壺はかなりの遺跡で出土しているが、二つの遺跡のものを例に出したい。

ｉ　博多湾　福岡市姪浜遺跡

ここは、博多湾を臨む砂丘上に立地する遺跡で、同じ住居跡から複数のイイダコ壺がまとまって出土した。そのうち、八個は完形品で孔の周りに縄ズレの痕跡もあり、ヘラ記号をもつものもある。

調査者によれば、イイダコ壺は炉の周囲に並んでいたというが、なぜ、炉の周囲にあったのか、状況は分からないが、一連のイイダコ壺であることには間違いないであろう。

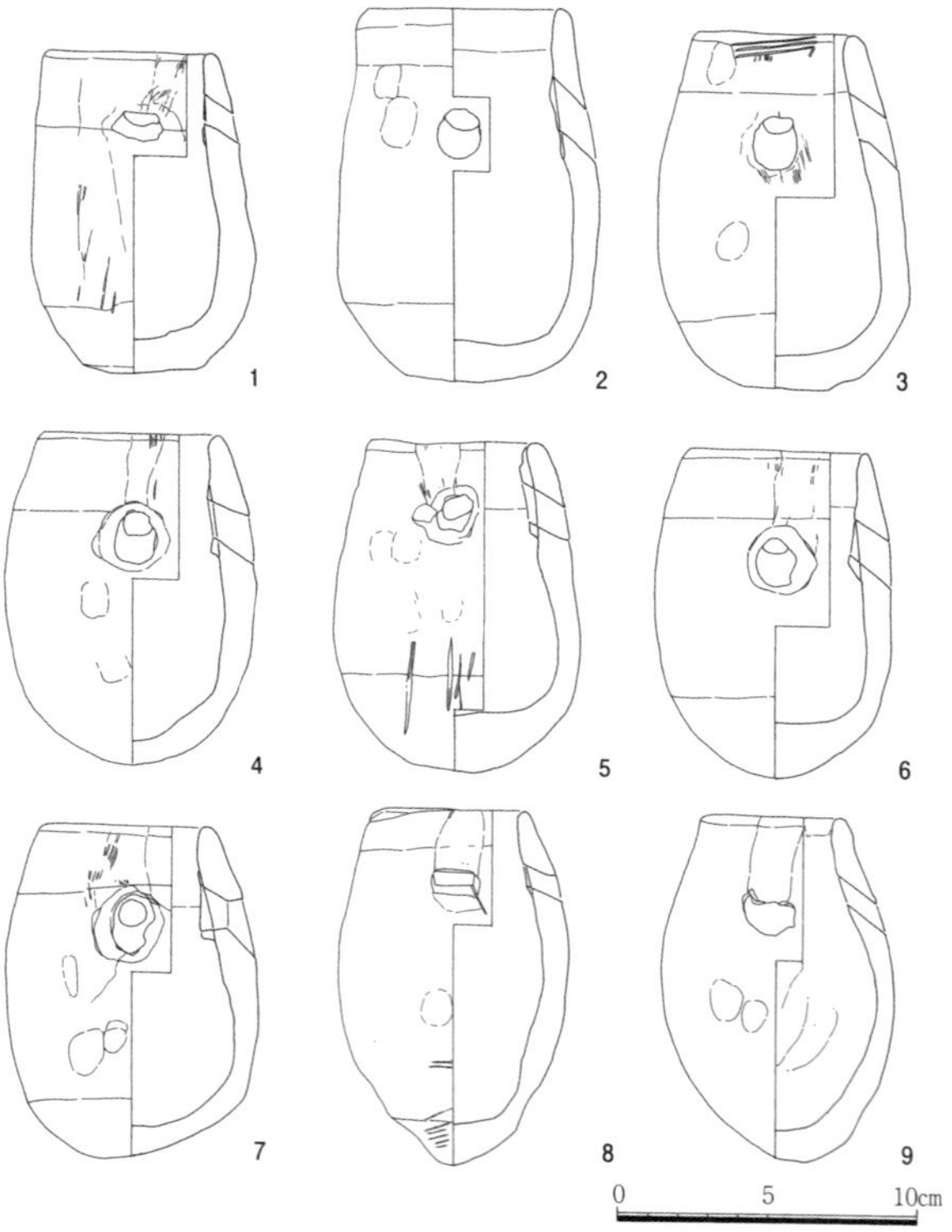

姪浜遺跡出土イイダコ壺

住居跡は古墳時代後期、六世紀の終わりから七世紀の初めに比定されている。

このイイダコ壺についてみると、まず、胴部があまり丸みを持たずに底が平らなもの（1～4）、全体にやや丸みを持ち底も丸い（5～7）、全体にスリムで底が尖りぎみの丸底を持つもの（8、9）、という三グループに分けることができる。このグループは時期差ではなく、海底の底質の違いによると考えている。

今日のものと比較すると、次のように解釈することができる。つまり、丸みをもつものは海底が泥地に、胴部が平坦なものは砂地に、先端が尖り気味なのは、より泥質の強い場所用だと考えられる。

それから、すべてのイイダコ壺は口縁部近くの胴部に縄通し用の孔をあけるが、この位置は器高でほぼ三分の二の地点であり、ここに縄を通せば、孔も斜めなので口が斜めになって海底に降ろしていくことができる。つまり、海底に口をヨコにして接地することとなる。

また、出土したイイダコ壺の器高は最小一一〇mm、最大一二八mmだが、この程度の差は許容範囲である。この大きさのイイダコ壺は今日の漁に再び比較すると、この遺跡の近郊で漁をおこなっていた今津浜崎の例に近い。

今津浜崎では、山口県の山陽小野田市、福岡県糸島市加布里、福岡市南区皿山をはじめ、数カ所からイイダコ壺を購入していた。径は出土品より少し広いものの、一二〇mm前後のものが最も多い。

土製イイダコ壺（福岡市今津浜崎）

上の写真のイイダコ壺（福岡市今津浜崎）

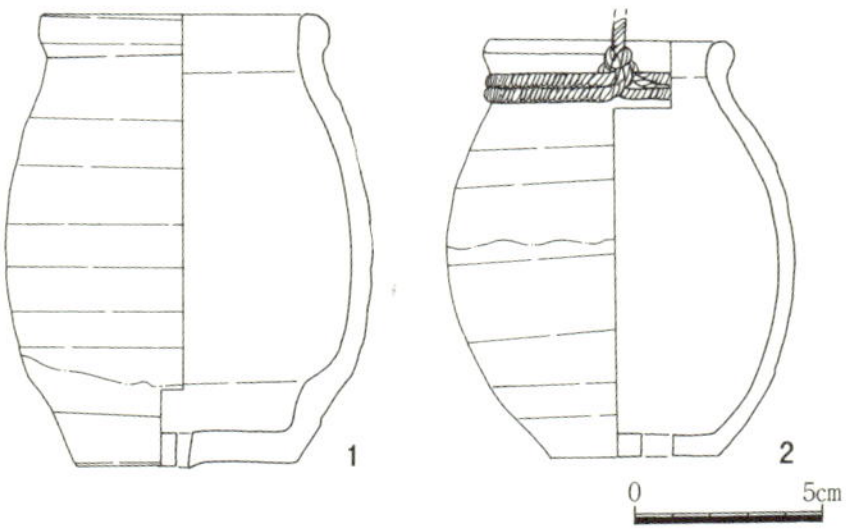

今津浜崎イイダコ壺

そういうことから考えて、この遺跡から出土した遺物は、俗に「冬ダコ」と呼ばれるイイダコを狙って漁をしていたものと考えられ、漁の季節を確定できるのではなかろうか。

ii　周防灘　山口県山陽小野田市松山古窯跡一帯

周防灘沿岸地域は考古学的に特徴のある土製イイダコ壺が検出される。量的に多いのは、今日でもイイダコを含めたタコ壺作りが盛んな、山口県の山陽小野田市周辺である。

ここに位置している本山（もとやま）半島は、龍王山から広がる低い丘陵から成り、古くから「須恵」と呼ばれていた。その名が表すように、龍王山南山麓と南部の大須恵地区には、十数基の須恵器の窯跡が発見されている。

この中で、松山窯は発掘調査でイイダコ壺が出土し、六世紀後半～七世紀前半に比定されている。窯跡からの出土品は二点である。うち一点はほぼ壊れていない完形品で、口縁の下に円形の孔をもつ。球形に近い形をし、口縁部が少し内側に窄まり、胴部中ほどよりやや上が膨らむ。口縁部を上にして縄を通し、底部の孔は水抜き用と考える。他に三分の一ほどの破片だが、底は平らで、孔は無くなった部分にあったと考えられる。小鉢状をしているものもある。

他に、松山窯近くの海岸より多数のイイダコ壺が採集されている。かなりバリエーションが多いのも特徴である。これらの採集品は、未製品を含めて窯に関係したものではあると思われる。

また、完形品で松山窯跡からと同じようなものも出土しており、量的にも多い。

それから、口が最大になる円筒型をした完形品もあり、胴部中ほどに、円形の孔を二カ所、内側に対してかなり斜めに、底にも同じ大きさの孔をもつ。いずれも窯に入れる前に孔をあけている。見る位置によっては、上の二つの孔が目に、下の孔が口というように顔状にも見える三カ所の孔があるのが特徴だ。胴部の二カ所の孔に縄を通し、口縁部をやや斜めにして下げたと考えられ、底部の孔は水抜き用であろう。

円筒型の完形品には、口がやや内側に窄まって底部は丸いものもある。胴部の中ほどに円形の孔を内側から

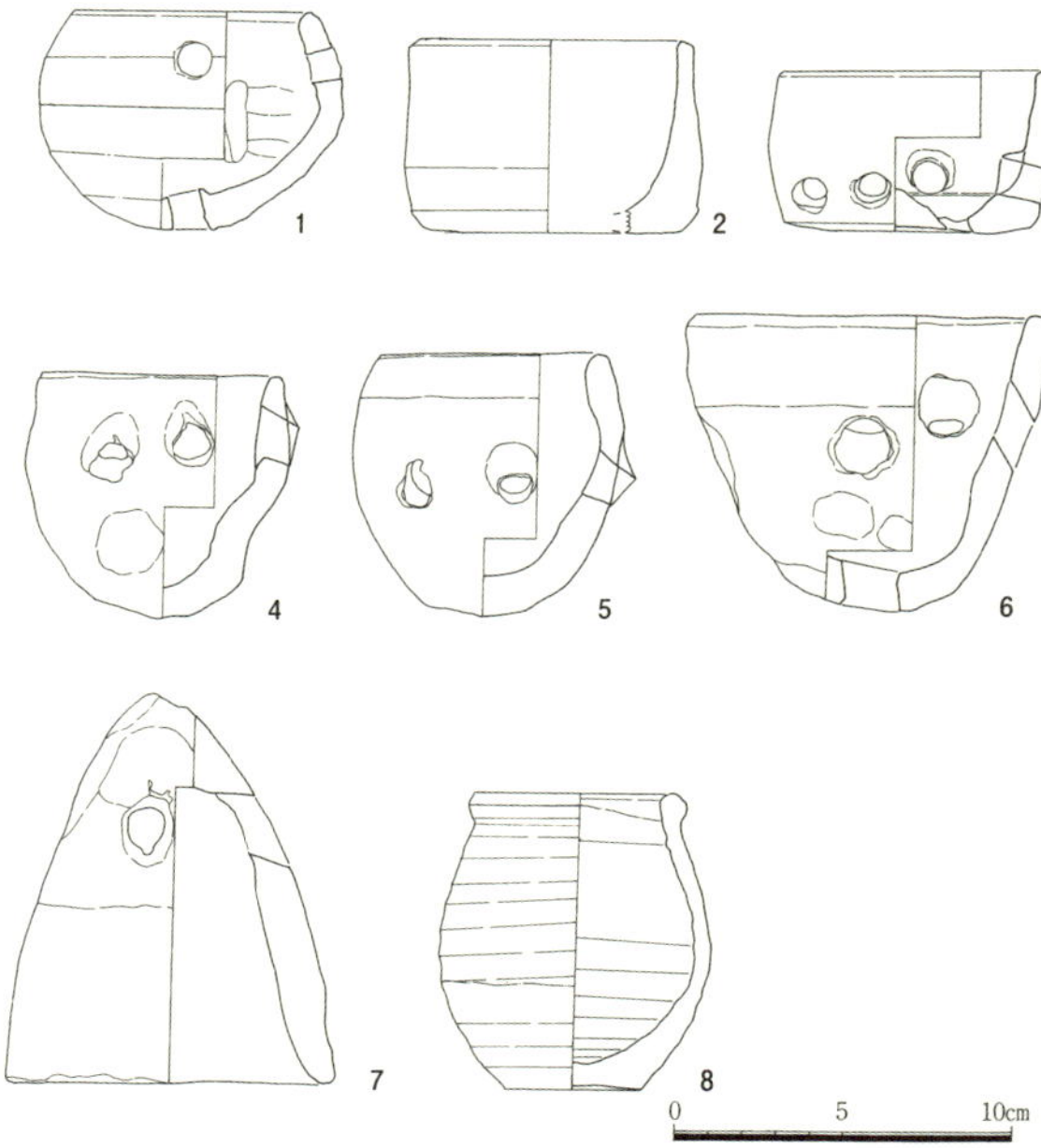

松山古窯跡一帯イイダコ壺
（1・2－遺跡出土品、3～7－採集品、8－松井製陶所）

二カ所あける。孔の外側は周囲が厚く盛り上がり、外面から内面に向かって斜めになる。この二つの孔の縄を通し、壺は口縁部をやや斜めに下げた状態にしたと考えられる。中には、やや小さく底はとても厚く、孔も一つのものもあり、この孔に縄を通すと、必然的に口縁部が上を向いてやや斜めに下がる。

また、形はこれと似ているが、全体に少し高く、底部は厚いものが見られる。楕円形の孔が底の最下部に両側面に通してあいている。ここに紐を通すと、口縁部が下になった釣り鐘型になるが、器形は円筒型という折衷的なイイダコ壺となる。一般的な釣り鐘型の場合、底部及び把手の部分に孔をもっているが、それとは少し違う。

以上が出土品と採集品のイイダコ壺で、すべて土師質だが、軟質ではなく硬質なのが特徴である。

ここで時期的なものを考える上で、周辺の遺跡からの出土例を検討したい。

まず、対岸の福岡県北九州市小倉区にある同じ須恵器の窯跡である天観寺古窯跡遺跡では、棒状土製沈子と共にイイダコ壺が出土する。遺物は、器形・法量的にも小野田のイイダコ壺と似る。時期的には七世紀に比定される。同じ北九州市小倉区の葛原遺跡では一五個ほどのイイダコ壺が出土する。ここのイイダコ壺は、円筒型で底部に孔を穿っているのが特徴的である。

いずれも須恵質ではなく土師質である。六世紀後半~七世紀初頭に比定される。胴部の孔の位置は、天観寺窯跡遺跡群とは違い、口付近に孔をもっている。この孔の位置を考えると、この孔に縄を通して下げ、底部の孔は水抜きとして使ったのではないだろうか。

以上の他に、距離が離れるが、大阪の大園遺跡から大量のイイダコ壺が出土しており、六世紀後半に比定される。須恵器で、器形的には大部分は釣り鐘型をするが、周防灘のものに似たタイプのものがある。器形的には天観寺窯跡群のものとも似る。これを使うとなると、胴部と底部の孔に縄を通し、口縁部がやや斜めに下がった状態になる。

これらの周辺遺跡のことを考えて、今一度小野田の遺物を検討する。

まず円筒形のイイダコ壺は古墳時代に遡り、六世紀後半~七世紀初頭に比定される。出土品の円筒形と類似したものは、やはり古墳時代にまで遡るものであろう。問題は他に類例がない円筒型をして釣り鐘状に下がるものであるが、これは現時点では保留ということにしておきたい。

以上、周防灘沿岸の資料を見てみたが、サイズ的にみると、かなり小さい。地域は異なるが、冬ダコ用と考えられる姪浜の出土遺物に比べても小さく、それの二分の一ほどである。

今日のイイダコ壺と比較すると、イイダコの小さいもの、地元で「ビーダコ壺」と呼ばれる壺にほぼ対応する。したがって、これらの壺は夏ダコ用だと考える。

対岸の豊前市赤熊花の木遺跡では、I類だが、小型でこれも同じく夏ダコ用のものだろう。

この地域において、形と取り付け方には様々なバラエティさが見られる。この原因として、個人レベルで独自な漁を工夫すると云うような在り方があったのかもしれない。

それは、例えばタコ壺製造業者の話でもあったように、この地域のタコ漁師は細かく個人的に壺のスタイルに注文をつけるという特徴が見られる。漁具に対する細やかさ、つまり漁への対応がこの時期まで遡るのかもしれない。

❺ 貝製イイダコ壺を見つける

貝をイイダコ壺に使用するという問題は、古くは直良信夫（なおらのぶお）、小林行雄、樋口清之、可児弘明（かにひろあき）によって可能性が指摘されていた。

とくに、樋口清之は、関東の縄文時代から出土する大形のニシ類の中に、殻口の近くに穿孔を施したものがあるのに注目し、この貝がイイダコ壺に用いたものではないかと考えたが、これはあまりはっきりとしたものではなかった。

今日の貝製イイダコ壺の例を見る限り、巻き貝は先端である水管溝部、あるいは身が入っている体層部に孔を穿っているものが大部分である。体層部に孔を穿っているものは、そもそも貝の身を取り出すために人があけたのを、そのまま紐通し用として利用するということが多い。また、中には何ら加工を施さないものもある。それから、二枚貝は全国共通で、別々の貝殻を用意し、殻頂部に孔を穿ち、紐を通す。

私は、一九八五年から始めた貝製イイダコ壺の調査中、有明海の沿岸地域に分布する貝塚遺跡のひとつである佐賀県神埼市千代田町託田西分貝塚の出土遺物の中に、数点の貝製イイダコ壺を検出することができた。

有明海沿岸地域は、弥生時代に貝を採取して捨てた貝殻、あるいは魚骨が含まれる漁撈活動を知ることのできる多くの貝塚遺跡が出現し、水稲農耕とともに漁撈活動をおこなっていた地域だ。貝塚を構成する貝は「スミノエガキ」が主体となっているように、干潟地帯に棲息するものが多い。今日の有明海沿岸にある漁村の内容とほぼ同じである。

託田西分貝塚の出土遺物も、石包丁などの農耕的なものと共に、漁網用の沈子と考えられる土製円盤など漁撈遺物が出土した。むろん、貝塚も漁撈活動の結果の産物である。

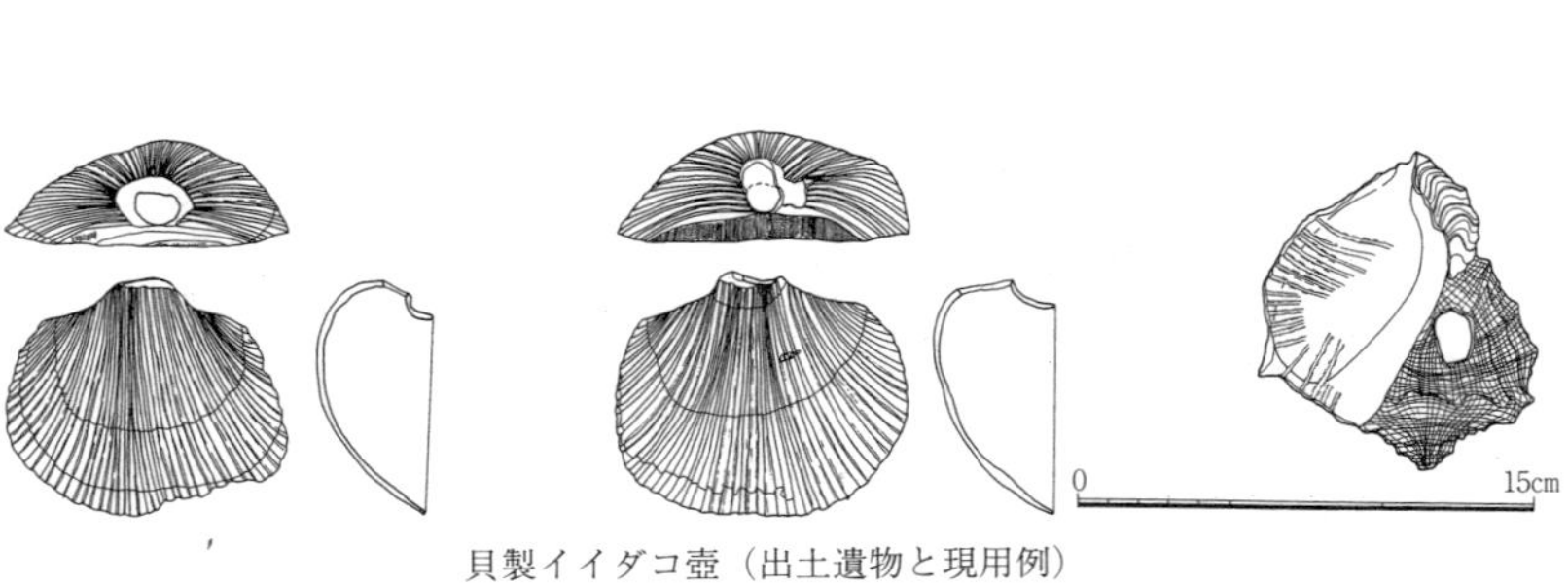

貝製イイダコ壺（出土遺物と現用例）

ここでは、貝製イイダコ壺はアカニシ製が一点、さらにその後、一点、それからサルボウ製が二点ほど出土した。ただ問題として、巻き貝はそれ自身でひとつのイイダコ壺を形成するが、二枚貝は右殻と左殻の二枚で一セットになる。そのため、二枚貝は貝殻を通す紐が残らない限り、セットとしては確認することができない。

アカニシ製では、体層部中央にやや大きい四角形状の孔を穿つ。孔は身を取り出すために開けたのだろうが、周囲は枝縄を通すためマメツをしている。

サルボウ製では、殻頂部に少し欠けているが直径一〇㎜前後の孔を穿っていたと推定される。孔の下側は、周囲が使用によりマメツする。また、同じサルボウ製で、殻頂部に横長の孔を穿ち、周囲も同様だ。殻の片側の下部付近は少し欠けるものも出土している。

アカニシ製は後期前半の土器と共に土壙より、他は試し掘りをしたトレンチより出土し、時期は不詳である。

その後、一九九〇年にアカニシ製のものが見つかった。体層部中央にやや大きい横長の孔を穿ち、周囲はマメツしている。孔の位置は同じである。殻口部の下半分は失われている。これも以前出土したものとほぼ同様な大きさを持つ。

現在までのところ、以上の四点が貝製イイダコ壺と判断される。

貝製イイダコ壺の場合、土製品のようにすべてを作りだしたものではなく、再利用なのが特徴である。わずかな加工をするか、そのまま利用するケースも多い。遺跡から貝殻が出土するという点は大いに注目すべきで、もう少し資料が出てくる可能性も高い。

とくに二枚貝で殻頂部が破壊された貝の出土は多いが、イイダコ壺はそれに紐を通して下げるだけでよい。道具としては極めてシンプルで、今後の資料の増加を期待したい。

アカニシ製のイイダコ壺の問題としては、今日の漁に使用されているものは水管溝部に孔を穿ち、そこに紐を通しているものが最も多い。また、小型の巻き貝では、孔を穿たずに単に紐を廻して付けただけでまったく人為的な加工は施していない。

人為的加工をしていないようでは、発見は難しいかもしれないが、多量にまとまって出土する場合はこれも注意をする必要があろう。

アカニシ製は体層部に大きめの孔を開け、孔の周囲はマメツしているので、紐を通すと殻口部が上に向く一般的なイイダコ壺の取り付け方になると考える。

サルボウ製は、まったく今日のイイダコ壺と同様の形を持つと考える。

これらの出土貝製イイダコ壺を今の壺と比較すると、夏用の小型の壺に大きさは近く、託田西分貝塚から出土した遺物は夏ダコ用と考えられ、この時期に漁をしたと推定される。

アカニシ、サルボウはイイダコ壺に使うためではなく、第一には食用とするため獲り、身を取り出した貝をイイダコ壺に利用する。この二種の貝が有明海で最も水揚げの多い貝だ。

食としてのサルボウは代用アカガイというイメージが強い。アカガイに比較すると、サルボウは値が安い。同じアナダラ属のアカガイが美味で値も高いが、絶対数が少ないため、サルボウで代用している食品メーカーも多い。

アカニシは有明海沿岸では「ケップ」と呼ばれ、サザエと違ってややアクがあり、一般的には湯がいて酢味噌などで食べる貝である。

この他に遺跡からは出土していないが、有明海沿岸で同じくイイダコ壺として使用される巻き貝のテングニシも食用とする。

このように、食用にする貝の身を取り出した残りの貝殻を、イイダコ壺として再利用している。イイダコ壺としてのみ利用するために漁獲しているわけではない。そのため、巻き貝のアカニシなどは、体層部に身を取り出すために穿った孔を、そのまま使用している。捨てられるものを利用する。いわゆる再利用品である。

こうした利用の仕方は、生活の中でけっこう多い。最も一般的であろう。これが、土製のイイダコ壺と大いに違う点で、土製のイイダコ壺は、最初からイイダコ壺として製作されているのである。

ところで、託田西分貝塚の上流には、吉野ヶ里遺跡があり、出土した織物の染料に「貝紫」が使用されていたことがわかった。

アカニシ

貝紫は、地中海東岸の海洋民で貿易の民であった古代ローマのライバルであったカルタゴの母体である古代フェニキアの特産品として知られている。この海域に棲息するアッキ貝の分泌物から、僅かに抽出することができる。

吉野ヶ里からの出土遺物は、このフェニキア産のものではない。イイダコ壺としても利用されるアカニシから抽出されたものであった。その結果、アカニシも食用としてだけではなく、この分泌物も利用していたことがわかった。

分泌物を抽出するのは、むろん食の利用に対して何らの制限を受けるものではない。それは貝製イイダコ壺にしてもしかりである。アカニシの最終的な利用の一つがイイダコ壺なのである。

物質文化とは本来、このような多面的な利用の仕方をする。何もイイダコ壺だけではなく、作り出されたときは目的を決め単一の機能を果たすために製作されるものでも、当初の目的に合致されないときはその使用から外されはするが、他の目的に転用される。弥生時代の石斧を砥石に、平安時代の滑石製石鍋を沈子として再利用する。石臼を漬け物石にするなど多くの類例が見られる。機能は道具の歴史の中で変化をする。人が介在するものは何ものでも多面的である。

人間が介在することに限っても、循環の上に成り立っている。取得、製作、転用、廃棄という歴史が存在する。それを見逃したら、道具の本来の意味を見失うことになろう。

貝は一義的には食として利用されることはいうまでもないことだ。であるから、基本的に地元産の貝殻を使用することになる。

いずれにしても、またどういう形にせよ、貝製イイダコ壺は貝殻の再利用品なのである。貝塚を作るような、貝採取を含めた漁撈活動をする地域ならば容易く貝殻を手に入れることが可能だ。その点、弥生時代以後の有明海沿岸は干潟が拡がり、貝採取に絶好の地を提供するのである。

マダコ壺の発見

私たちが漁港に行くとしばしば目にする、タコ壺と呼ぶ焼き物を使ったタコ壺漁の対象となるタコはマダコ、イイダコの二種類に限られるが、大きさが異なるので、使用する壺から直ぐに獲物が特定できる極めてマレな漁具だ。「タコ壺」という言葉も広く知られる。

江戸時代の俳人松尾芭蕉の一句に明石で詠んだものとされる「蛸壺やはかなき夢を夏の月」がある。タコ壺に入ったタコの哀れを夏に例えたものである。タコ壺はそれだけ様々な人の目に触れやすい漁具でもある。

また、近年はイイダコ壺もだが、とくにマダコ壺は本来の目的を離れて都会の人が花瓶にしたり、あるいはオブジェとして利用されることも多い。フジツボが付着したモノを風情があるとして好む人も多いという。

中には岩壁に置いてある壺をそのまま持っていってしまう不心得者もいるようだが、愛好者のために漁で使用してきたマダコ壺を、販売している漁師もいる。

本来、壺が用いられる漁のスタイルとしては、タコ壺に枝縄を廻して結び、それを幹縄に一尋間隔に取り付けて海中に沈めておき、適宜回収しては中に入ったタコを捕獲する。最近はプラスチック製の壺も使われているが、地元産の陶器製のものが伝統的に使用され、漁村で目にするポピュラーな漁具の一つである。岩壁に積み上げられたタコ壺を目にした人は多いであろう。

日本のタコ漁では最も一般的な漁法であろう。

マダコ壺漁は、イイダコ漁より広範な地域で見られる。日本以外では、韓国などのアジアだけでなく、地中海に面するアフリカ大陸北部チュニジアのガーベス湾、ポルトガルの大西洋岸に位置する漁村のセジンブラでも漁がおこなわれている。

オブジェ、花瓶として使われるマダコ壺（天草市崎津）

岸壁のマダコ壺（唐津市呼子）

このように広く見られるマダコ壺なのだが、意外にも考古学的な点ではあまり知られていない。

考古学的には壺の存在でそれと分かるのだが、同じタコでも、イイダコ壺がコップあるいは釣り鐘状の形をして、今日のイイダコ壺とも共通性があり、目立つ遺物であることからか、早くから注目を浴びてきたのに対し、いささか事情が違っている。

地域で考古学的に発掘されている種々の発掘報告書に、タコ壺という記載があるならば、イイダコ壺と同義語のように理解されているのが多いのに対し、マダコ壺が確認されたのは最近で、量的にもまだまだ少ないのが現状である。

❶ 発掘品を検討する

こうしたマダコ壺の起源はどこまで遡るのであろうか。今日広く普及している漁に比べるとまだまだ少ないのだが、考古学的にも興味のある遺物が発見されている。

マダコ壺の出土は瀬戸内海海域の大阪湾、播磨灘、備讃海峡に限られる。東から大阪市田山遺跡、大阪府和泉市池上（いけがみ）遺跡、貝塚市脇浜遺跡・泉佐野市湊遺跡、兵庫県神戸市西区玉津田中遺跡、香川県坂出市下川津（しもかわづ）遺跡の六カ所だけで、瀬戸内海西部も含めその他の地域からの出土は知られていない。

時期的に最も古いのは、弥生時代中期の池上、玉津田中遺跡の例で、脇浜遺跡は古墳時代、下川津遺跡は古墳時代以降平安時代、湊遺跡は鎌倉時代、田山遺跡は室町時代に営まれたものだ。

いずれの遺跡も、マダコ壺だけでなく

ポルトガルの漁村、セジンブラ

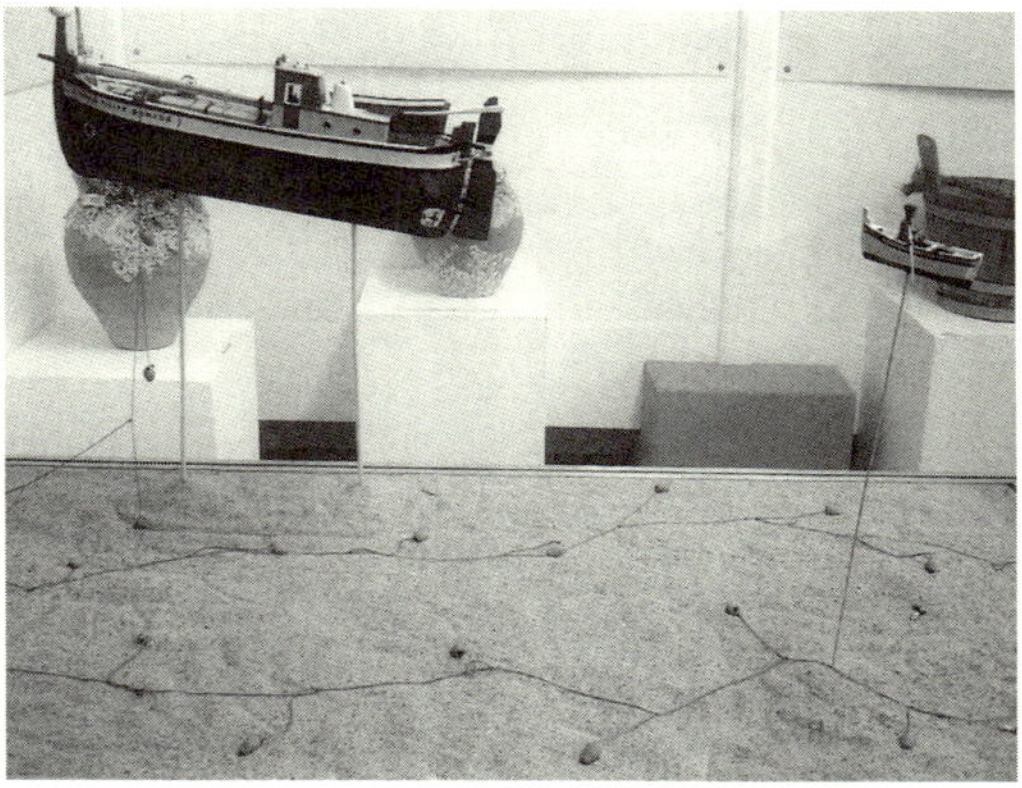

マダコ壺漁モデル（セジンブラ市立博物館）

マダコ壺
（セジンブラ市立博物館）

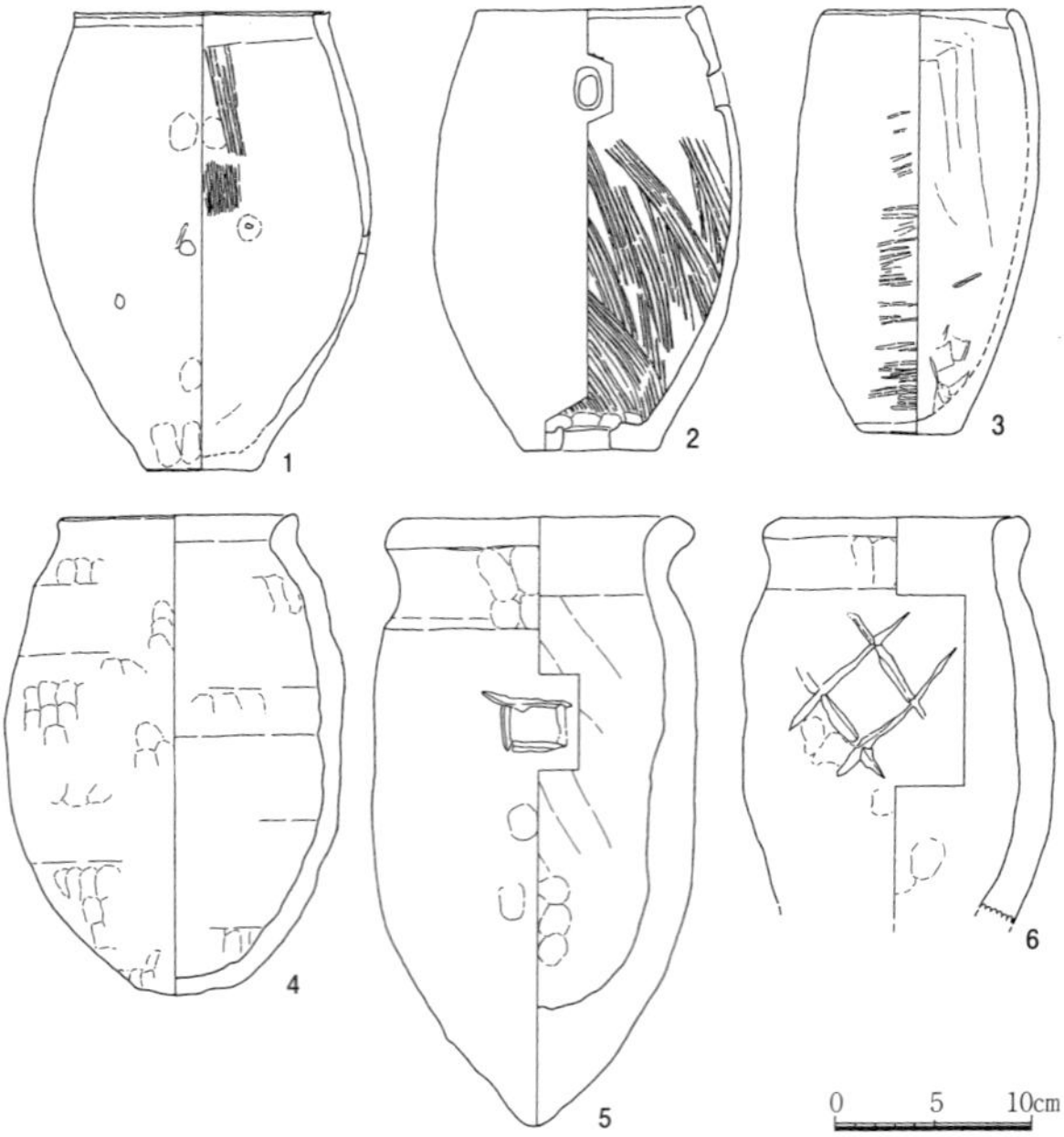

大阪湾・播磨灘出土のマダコ壺（2、4は報告書より引用トレース）
1－池上遺跡、2－玉津田中遺跡、3－脇浜遺跡、4－湊遺跡、
5・6－田山遺跡

イイダコ壺も多数出土し、網漁に使用される土製沈子などの漁撈具関係の遺物が見つかり、海に面した遺跡であり生活の糧として漁撈活動を行っていた集落である。

大阪府池上遺跡から出土したマダコ壺は完形品で瓶型をしている。平底で、紐通し用の孔はなく、水抜き用の孔が中央に三カ所ある。口縁部下の外面・内面は漁に際して着装する際の紐ズレと見られる痕跡が残っている。

兵庫県神戸市玉津田中遺跡出土のものは、口縁部下と底部の二カ所に孔がある。

大阪府脇浜遺跡出土の古墳時代のマダコ壺は、胴部はあまり張ってはおらず、スリムな瓶型をしている。口縁部はやや内側にすぼまり、底部も少し不安定な平底をつくる。紐通し用の孔はない可能性が高い。壺の上部は使用によってかなりすり減っている。

これらの壺は似ており、口縁部径と胴部最大径は同じかやや大きく、底部は尖っている。湊遺跡出土例は器壁が厚く、口は短く外側に開き、底は丸みをもっている。また、水抜き用の孔はない。田山遺跡からは、七〇個以上のマダコ壺が出土している。時期は室町時代である。

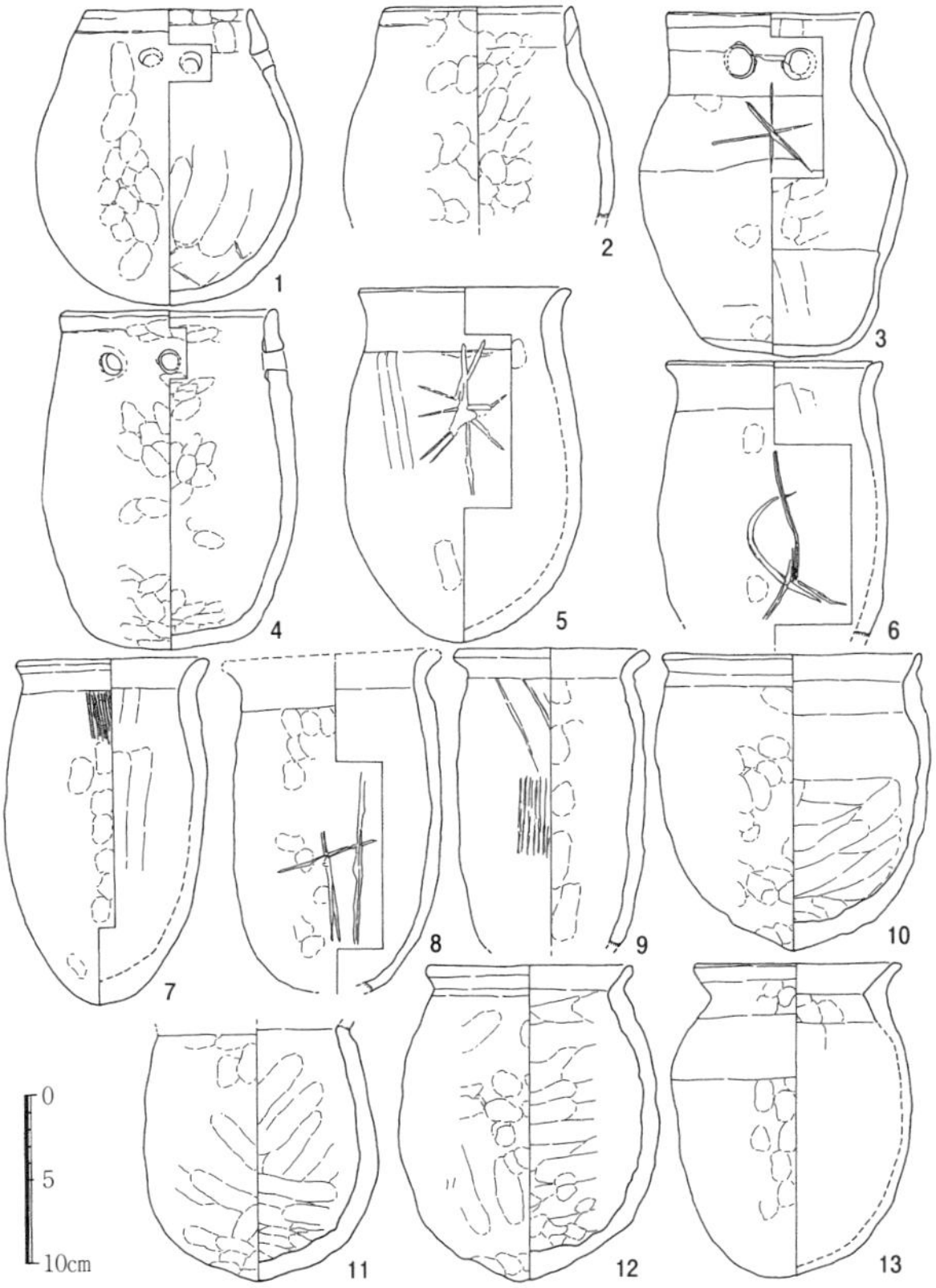

備讃海峡下川津遺跡出土のマダコ壺
（1・2、4、10 ～ 12は報告書から引用トレース）

いずれのマダコ壺も器形的には類似し、口縁部端はやや丸みをもち、口の周りが厚いタガ状になる。頸部は括れて紐を廻すことができる。胴部はあまり張らずにフラットで、底部は尖底で分厚い。砲弾形をしている。尖った道具によって刻んだヘラ記号を刻むものも見られる。

　四国の備讃海峡を臨む香川県下川津遺跡は、岡山県と香川県を結ぶ本四架橋工事によって調査され、多量のイイダコ壺とともにマダコ壺も二〇点ほど出土している。ヘラ記号を刻むものも見られる。

　このうち、二点は住居跡から出土したもので、七世紀後半の時期である。これは口縁部近くに二カ所孔をもつ。口縁部がかなり内側にすぼまり、胴部最大径は中ほど、底部は球形をしている。孔は紐通し用と考え、ここに紐を通すと、口縁部はやや斜めになりながら海底に向かって下がっていく。

　他に七世紀代のものと考えられるものは、口縁部近くに二カ所孔をもつ。住居跡出土のものとは違い、胴部下半はストレートに伸び、底はやや平らで胴部最大径は中ほどで、口径より少し大きい。口は少し外に開く。また、平安時代前半に比定されるものは短い口縁部に胴部がつき、孔はない。胴部最大径は中ほどよりやや下で、胴部は少し球形をする。同じく、平安時代後半のマダコ壺は、口縁部は無く器形は似るが、比較すると胴部はやや短い。

他に時期ははっきりしないが、完形品が出土している。口縁部端は部分的にいたむ。短く外に反った口縁部に、胴部最大径は中程でやや丸みをもつ胴部がつく。また、口縁部下には頸部を作りだし、紐ヅレが残っている。

ｉ　形の意味と歴史的な移り変わり

マダコ壺は紐通し用の孔のあるもの、ないもの、ないものの中で括れた頸部をもつ今日のマダコ壺に近い瓶型のものに分けられ、順にタイプⅠ、Ⅱ、Ⅲ類と呼ぶことにしたい。

まず、Ⅰ類は、口はすぼまって胴部が張る球形のＡ類、同じく胴部は張るが、直線的で平底のＢ類、同じく胴部が張らずに直線的になるが、やや丸底ぎみの平底をもつＣ類に細分できる。

Ⅱ類はⅠ類と同じで、胴部径が口縁部より大きく、胴部がやや球状で最大径が中ほどにあるＡ類、同じく胴部径は口縁部よりやや大きいものの、底部近くに最大径があるＢ類、胴部最大径が口縁部と同じか、やや小さいＣ類とに分けられる。Ａ・Ｂ・Ｃ類は口縁部を除けば、イイダコ壺の器形に似る。Ｂ、Ｃ類には大きな差はない。

Ⅲ類は、口縁部から胴部にかけてのラインが急な一群で、胴部最大径が中ほどにあるＡ類、やや胴部が平坦であるＢ類に分ける。これも口縁部を除けば、全体はイイダコ壺に似ている。

まず、分類した中での意味だが、Ａ・Ｂの小分類は「ヌマツボ」と「セツボ」とに対応するのではなかろうか。「ヌマツボ」は海底の底質が潟地の場所に、「セツボ」は砂地の場所に、という使い分けをし、これはイイダコ壺も同様な対処の仕方をしている。

ただ厳密に言うと、B類は「ヌマツボ」と「セツボ」の中間的な形をしており、マダコ壺を置く場所が、やや砂泥地ぎみであったことを意味するのではなかろうか。

次に、漁におけるマダコ壺の取り付け方から見ると、紐通し用の孔のあるⅠ類は、孔に枝縄を通してそのまま幹縄に下げたと考える。Ⅱ・Ⅲ類は、器形も今日のマダコ壺に似ており、頸部に縄を廻してくくり、口縁部を上に向けるが、そうするとやや斜めに下げられたと思われる。Ⅲ類のマダコ壺の方が、Ⅱ類に対して紐通しがよりしっかりとなる形をしている。

Ⅰ類は七C後半には確実に出土し、Ⅱ類もほぼ同様な時期に出土する。Ⅲ類は、それに対して少し新しくて平安時代になる。

ⅱ　海底から引き揚げられた壺

ここに上げる資料は出土品ではなく、海底から引き上げられたものだが、器形、その他から古く遡るマダコ壺と考えられるので、参考として上げておきたい。かつて漁に使用していたものが、縄が外れるかの原因で海底に取り残されたのであろう。

一九七五年に始まった、本州と四国を結ぶ本四連絡橋建設の備讃海峡に面する岡山県側橋脚を支える支柱の基礎工事中に、ダイバーによってイイダコ壺数点と共に引き上げられた完形品である。口縁部が少し内湾し、また底部は丸みをもつ。胴部中央はフラットなつくりである。口縁部の下、胴部中央部付近にやや縦長をした楕円形の孔を二つもち、紐通し用の孔となる。

四国側の同じ備讃海峡に面した下川津遺跡出土の遺物と比較すると、二つの孔がある点で七世紀代のものに似るが、器形的な点を考えると、時代的にはもう少し遡る可能性も高いのではないだろうか。

❷ マダコ壺の取り付け方の違い——口が上か下か

i　現代のマダコ壺二点

マダコ壺は枝縄を通して幹縄に結ばれる。取り付け方には、今日のマダコ壺はイイダコ壺と同様に、口を上に向けて幹縄に下げるタイプと口を下に向けて幹縄に下げるタイプが見られる。口を下に向けるタイプは、特にイイダコ壺の場合は釣り鐘型と呼ぶ。

この違いを考える上で、参考資料として、今日の漁のマダコ壺二例を上げておきたい。

一例は有明海に面する熊本県荒尾市磯山で漁に用いられたもので、製作地は佐賀県鹿島市祐徳である。

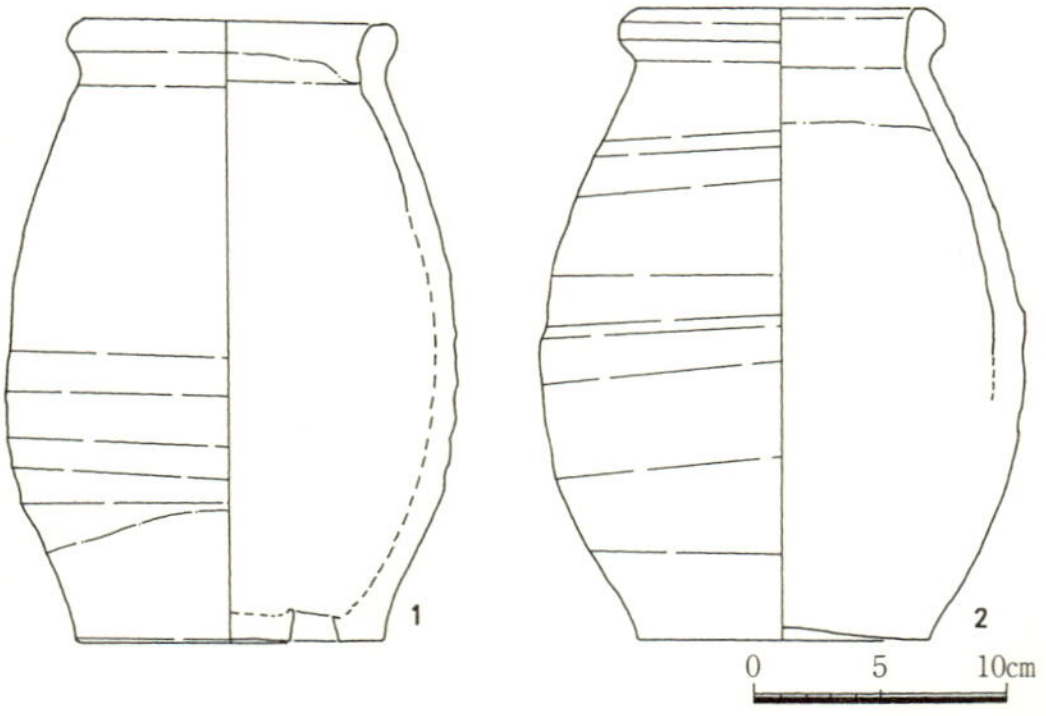

マダコ壺二例（1－セツボ､2－ヌマツボ〔穿孔忘れの失敗品〕）

胴部最大径は中ほどで、口縁部・底部に向かって緩やかにカーブし、安定感がある。底には水抜き用の円形の孔をもつ。外面・内面とも濃藍色の釉薬をかけ、ドッシリとして重量感があり、全体に厚ぼったい。

口縁部下の位置に頸部をつくり、そこに紐を廻して一方の端で結び、幹縄に延ばす。こうすると、口は斜め上を向きながら海底に降りていく。もちろん、海底では壺はそのまま横倒しの状態になり、口を横に向けてタコが入ってくるのを待つ。

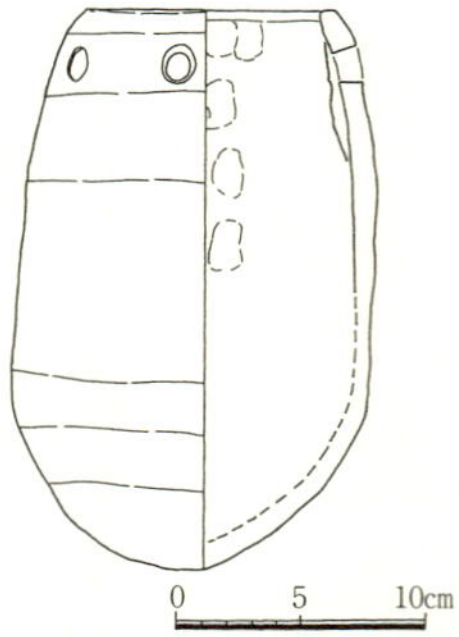

備讃海峡海底出土のマダコ壺

二例は玄界灘に面する佐賀県唐津市呼子町呼子(よぶこ)で、漁に用いられている。製作したのは山口県小野田市松井製陶所である。胴部最大径は中ほどで、全体的にフラットで、底部に円形の孔をあける。外側は底部近く

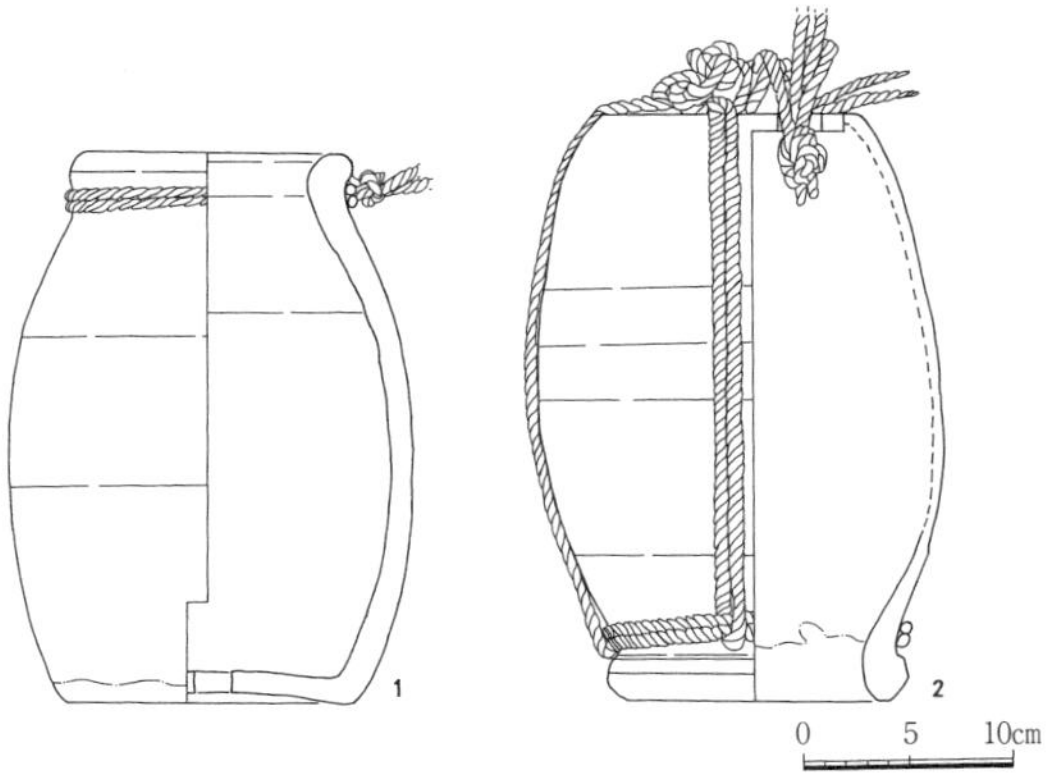

マダコ壺着装二例
（1－熊本県荒尾市磯山、2－佐賀県東松浦郡呼子町呼子）

まで茶色の釉薬が掛かる。内側は口縁部付近までしか釉薬は掛けず、他は露胎となる。

口縁部を下にして底部を上にする釣り鐘状に下げる。紐を頸の部分に二重に廻し、壺のタテ方向に四分割し、紐を二重にして頸の紐をくぐらせ、底部の孔付近で結ぶが、半分は縦方向に紐を通さない。もちろん、孔の中にも紐を結んで引っかけ、かつ幹縄に向かって長さ四五cmくらい延ばし、再び壺に結わえる。いわゆる三点縛りの状態であるが、一方にはタテ方向に紐がないために壺が傾きやや斜めに口が向く。

この利点は、口がぴったりと海底について壺が立つ状態を防ぐことができるし、口を下にして海底に降ろすことができる。もちろん海底では口を横に向けて接地し、タコが入ってくるのを待つが、引き上げるときは口を下にして回収でき、水が壺から抜けて回収しやすいのだという。

ii　取り付け方法の違いを考える

マダコ壺を下げる装着のやり方には二つの違いがあるが、この理由について今日の漁による使用の状況から見ると、漁場の水深の差と水流の関係が上げられる。水深のある場所、水流の激しい場所では、口を下に下げる取り付け方が一般的だ。

つまりマダコ壺を引き上げるときに口が上に向いていたのでは、水の抵抗が激しく、壺を海面上に手繰るのにも大変な力を必要とする。そのため、より水の抵抗が少なく、壺を手繰る労力の負担が軽い下向きに壺を装着する方が良い。ちなみに、壺を下に向けても、獲物のタコは壺にしっかりとへばりつき、けっして逃げることはない。

また、上下反転するものではないが、三重県で使用されている「ハンショウガメ」と呼ばれる釣り鐘型のタコ壺は下げる状態で使う。イイダコ壺にもある形だが、使用する漁師によると特に砂地ではタコ壺から砂が落ちて回収しやすく、タコも落ちることはないという。地方によって様々な対応の仕方が見られる。

そこで、改めて遺物を見た場合、底に孔を穿った玉津田中遺跡の例を含めていずれのマダコ壺も、口を上に向けた状態で縄に着装していたものと考えることができる。

問題は池上遺跡のものだが、これは紐を周囲に巻いて取り付けたのではなかろうか。水抜き用の孔がやや小さいが、大量のマダコ壺でない場合は、口からも同時に大量の水を排出できるので、これでも使うにあたっては十分だろう。

実際の漁にあたっては、孔は水抜き用としてだけでなく、タコを回収する際に、壺にしがみついて離れないタコに対し、この孔から塩を吹きかけて飛び出させるということもしばしばおこなわれる。こうした使い方が考えられるかもしれない。

玉津田中遺跡の場合は、紐通し・水抜き用のための孔を持っているので、この点に関しては問題ないであろう。湊遺跡の場合は、紐通し用の孔もなければ、水抜き用の孔もない。ただ、頚部を括りやすいように作り出しているので、この部分に紐を通してかつ胴部にも廻し、取り付けていたのだろう。同じく、下川津遺跡の場合も、水抜き用の孔はない。

水抜き用の孔だが、漁に使用するマダコ壺の数が少なければ回収する負担も少ないので、水抜きの孔の有無はさほど重要なことではない。口を下にする場合は、底に孔をもつことが便利だが、上に向ける場合は、タコ壺が紐よりはずれないように、口をタガ状にする方向に発達したようだ。

❸ マダコ壺の歴史的な移り変わり

出土資料も少なく地域も限られるが、最も古い弥生時代中期のものは、日常の甕とあまり違わない形が特徴的である。

古墳時代になると、初期は弥生時代のものと同じだが、紐通し用の孔を口縁部下に穿つ特徴をもつマダコ壺専用器が作られた。

この時期のマダコ壺は、器形的には口縁部下に孔をもつイイダコ壺に最も似る。ただし同時期のイイダコ壺は、玄界灘に面する博多湾、瀬戸内海の周防灘を除いては、釣り鐘型が主流で形態的には違う。

この違いとして、マダコ壺はイイダコ壺に比べてはるかに大きいため、こうした器形が漁をする上で有利に作用するのか、「円筒型」と呼ぶ古いタイプのイイダコ壺により近い。まず孔を穿つタイプが先行し、それより遅れて孔を持たず、頸部に括れをしっかりと持ったタイプのものが生みだされた。

室町時代になると、口縁部もグルッと厚みを持たせたタガ状に作ったものができ、今日のマダコ壺につながっていくし、イイダコ壺もまた同じようになっていく。

出土遺物と参考資料を見たが、今日の漁に使われるマダコ壺と比べて、今日のものがやや大きいものの、それほどの違いがない。こうした大きさが最も漁に適したものなのであろう。

その点から考えると、マダコ壺としてのサイズは出現した段階でほぼ完成されている。海中で使用するので、壺の中に水が入るのが当然で、それを人間が回収して作業するという面から、一定の大きさがほぼ決まってくるのではないだろうか。

後の歴史的展開は漁の規模の大きさは別として、その範囲の中でより漁に適したマダコ壺へと改良していくという発展段階を辿るようだ。

こうした地域性を持ったマダコ壺だが、最近では従来の形をしているが、中心部が縦にパックリと割れて取り出しやすいプラスチック製、あるいは内部に餌を入れたネズミ獲りのようなものも多くなっている。

三　タコに食を提供するタコ手釣り漁

タコ手釣りは釣り漁具、曳き漁具を用いて、本州以南に棲息するマダコ、イイダコ、テナガダコ、寒流に棲息するミズダコを対象とする漁である。マダコ、イイダコはタコ壺を利用しても獲れるが、テナガダコは砂地に潜る習性のため、タコ壺漁の対象にはならず、タコ手釣り漁、網漁が最も一般的漁法だ。

またマダコ、イイダコは手釣りで漁をおこなうことが多いが、とくにイイダコは糧を狙うプロだけではなく、小形であるため遊漁としてやる人も多い。小形で比較的手軽にできるイイダコ釣りに出かけた経験のある人もいよう。

さてタコ手釣り漁の起源なのだが、発想、漁のスタイルといい、私は他の漁法との関連の中で発生したものではないかと想定している。

ここでは具体的に今日の漁の実態に触れ、それが歴史的にはどこまで遡るのかを検討し、漁の起源について迫ることにしたい。

タコ釣り漁は手釣り漁の中に入るが、細かく見ると釣りと曳き漁具とに分かれ、それぞれ餌を使用するもの、あるいは疑似餌を使用するものとに分けられる。地方によっては「タコ釣り」、「タコダマシ」、「タコビキ」などといわれているが、ここでは一括してタコ釣り漁ということでまとめたい。

こうしたタコ手釣り漁は、日本列島の中でも南は沖縄県石垣島から北は本州の青森県下北半島まで見られ、日本のタコ漁の中では最も一般的で分布も広く、漁具も単純で個人の技に属し、伝統的な姿を色濃く残している。

タコ手釣り漁の紹介

漁の現地調査を行ったが、タコ手釣り漁の代表的な地域を取り上げ、漁具と漁法を検討してみたい。

❶ 漁具

i 鹿児島湾

鹿児島湾は東を大隅半島、西を薩摩半島に囲まれているが、その最奥部の姶良（あいら）郡から薩摩半島にかけての湾岸で、漁が行われている。

指宿市岩本のイイダコ用で、鉛をイカ形とも呼ぶべき形に整え、アルミ針金で三つの鉤を作るが、一本は折れている。上の面の中央部にアジ・サバなどの切り身をアルミ線によって固定する。先端には孔をあけてナイロン糸を通し、テグスに結ぶ。

同じくマダコ用で、鉛板の上に同じ鉛板を重ねて釘で留め、本体とする。上面には竹を長方形に割って、板に直角に釘で留める。鉤は本来下に三本、上に二本なのだが、下の鉤は折損している。本体の端に孔を開け、ナイロン糸を通し、テグスに結ぶ。

姶良郡姶良町のマダコ用で鉛を楕円形に形づくり本体とする。鉤は鉄線で四本作り、本体を作るときにはめこむ。両端の二本は短く、中央部の二本は長い。中央部の二本は銅線によって結ばれ、テグスへとつなぐ。使用時には、サバなどの魚の切り身を本体の上にナイロン糸によって固定する。

いずれも曳き漁具として使用される。

ii 島原湾

この地域は、かつては肥前に含まれていたが、今日の行政区分では熊本・長崎の二県にまたがり、有明海の湾口に当たる地域である。

長崎県側では島原以南、熊本県側では天草諸島一帯は今日でも漁が盛んで、タコ壺漁を含めて漁具も多様で

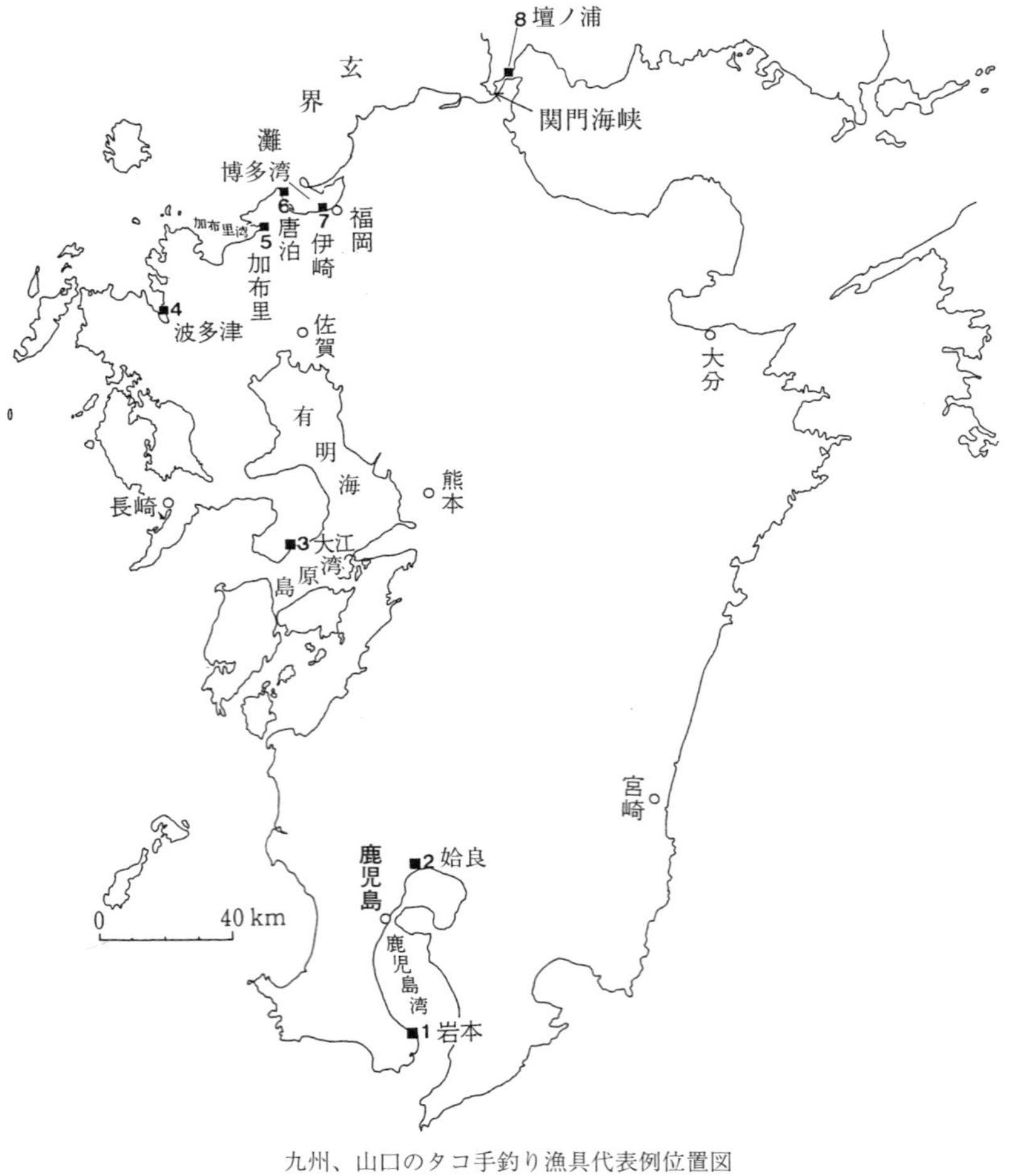

九州、山口のタコ手釣り漁具代表例位置図

豊富であり、様々なバリエーションがある。また、地域においてもタコの産地としてつとに知られている。それは平安時代に編纂された『延喜式（えんぎしき）』の記載からもうかがえる。

　長崎県南高来郡有馬町大江でマダコ用に使用される漁具である。

　曳き漁具として使用される。「ダラ」の木の板の下面に鉛を輪状にして針金でとめ、上面に発泡スチロールを板に合わせて針金で結わえる。板の先端に孔をあけ、前後の針金を輪状に通し、弓状にし

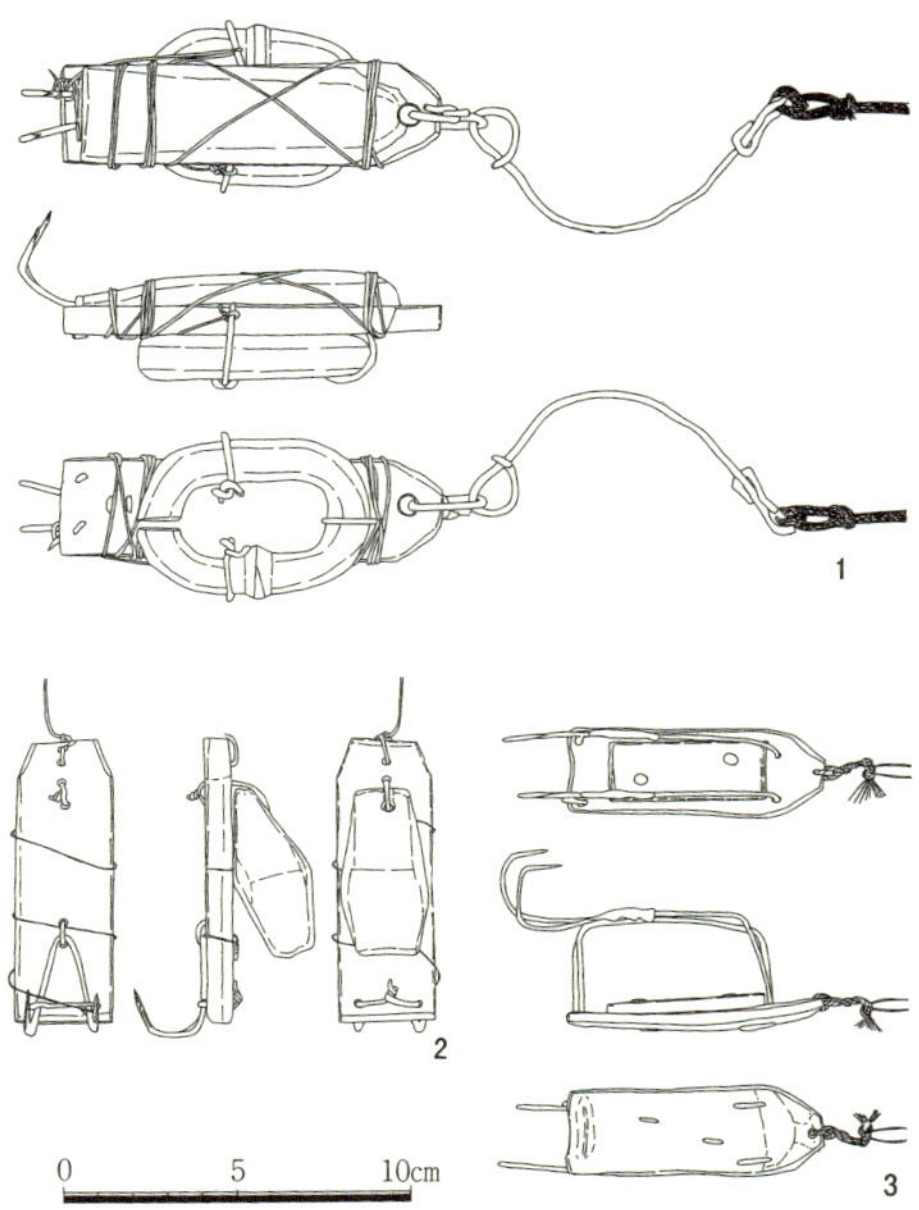

島原湾、伊万里湾の漁具
1－大江マダコ、2－同マダコ、3－波多津イイダコ

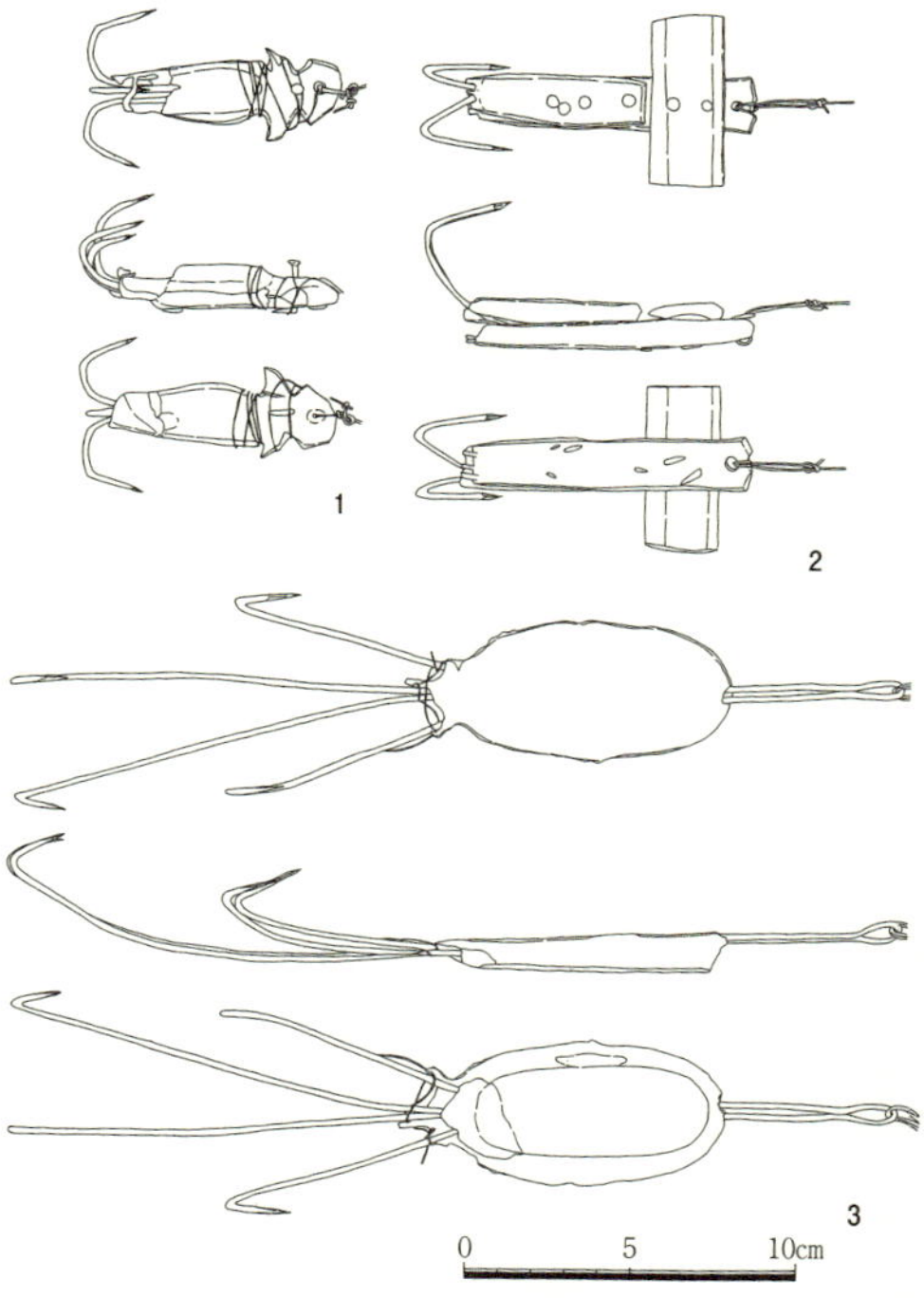

鹿児島湾の漁具
1－岩本イイダコ、2－同マダコ、3－始良・マダコ

た針金を入れ、テグスに結ぶ。鉤は針金を曲げ、先端をヤスリで研いでいる。

この漁具は鉛の部分を下にして海底を曳く。なお、タコは漁師によると白色、赤色を好むといい、発泡スチロールもそのための誘因具として疑似餌となる。

また、本体となる板に使用される木材はダラの木である。このダラの木は磨いて水中に入れるとそれ自身光沢が出て光るという。上面に取り付けた発泡スチロールと合わせて二重の効果を持つ。餌は用いず、疑似餌効果だけでタコを誘き寄せる。

釣り漁具として使われるものは、同じくダラの木の板を本体とし、鉛を下げる。鉛は垂下に適するように下が膨らみ、板に密着するように面取りをおこなって多面体を作る。沈子の上部には孔を穿ち、板に銅線でぶら下げる。鉤は鉄製の針金を用いて先端を曲げ、ヤスリで研ぐ。本体の板の上部には穿孔を施し、ナイロン製のテグスを通す。なお、この漁具はカニ・サバなどの餌を用いるもので、ナイロン糸によって鉛沈子の反対側の面に餌を固定する。

iii　伊万里湾

伊万里湾の奥部、佐賀県伊万里市波多津で使用されるイイダコ用の曳き用の漁具である。鉛板を上の方にやや反らせて舟型に作り、これを本体とし、中心部に竹を割って釘で取り付け、その上に餌を固定する。鉤は、本体の上に平行してハードル状に立てた二本の鉄製針金上に、同じく針金を取り付け、先端をヤスリで研ぐ。

iv　加布里湾

福岡県糸島市加布里で使用されるセラミック製の擬似餌で、湾内のイイダコ用に用いられる。曳き漁具として使用されるものは、台形状の鉛板の上に中央に孔のあいた球形のセラミックを銅線によって取り付ける。鉤は鉄製の針金を折り曲げて鉛板の中に取り込ませ、上部にテグスを通す穴をつくる。先端をヤスリで研ぐ。釣り漁具として用いられものは、博多湾で使用されるものとほぼ同じ形をしている。鉤が鉛板の下部より大きく湾曲し、その先端をヤスリで研ぐ。

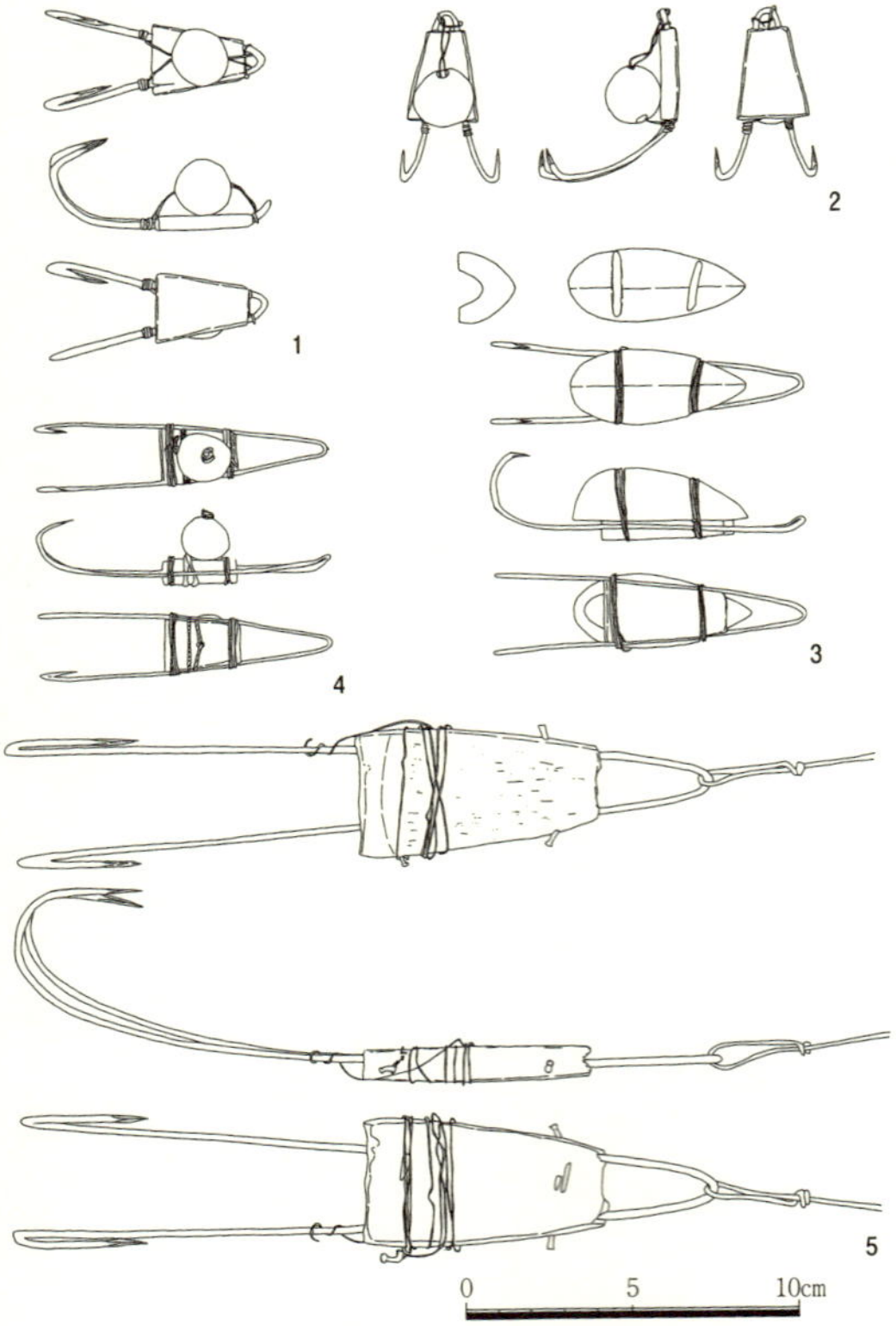

加布里湾、博多湾の漁具
1－加布里イイダコ、2－同イイダコ、3－伊崎マダコ、テナガダコ、4－同イイダコ、5－唐泊マダコ

v　博多湾

博多湾一帯で使用される。いずれも擬似餌を用い、曳き漁具として使用される。

福岡市中央区伊崎のマダコ、テナガダコ用の漁具だが、主にテナガダコを獲るのに用いる。針金を曲げて枠を作り、中心部には台形状の鉛板を取り付ける。鉤は枠とした針金の先端をヤスリで研ぎ、作り出している。擬似餌として、横方向に二条の溝を持つセラミックをナイロン糸によって鉛板の中央部に取り付ける。テグスは枠の先端に結ぶ。

同じくイイダコ用のものは、鉄製の針金を曲げて枠を作り、中心部に台形状の鉛板をナイロン糸によって、枠に取り付ける。擬似餌として、中心部に孔を持つ球形のセラミックを足袋糸によって結び、固定する。

福岡市西区唐泊のマダコ用では、台形状の鉛板を中心にし、外側に鉄製の針金をくぐらせ、先端を鉤とする。餌はサバなどを用い、鉛板の上面に銅線で括り横の釘に結ぶ。鉛板の下面は曳き漁具として使うため、著しくすり減っている。枠の先端を鉄製の針金でつなぎ、伸ばしてテグスに結ぶ。

vi　関門海峡

九州と本州の間に関門海峡があるが、ここの本州側、山口県下関市壇ノ浦で使用されるもので、いずれも釣り漁具として用いられる。

マダコ用の漁具は、竹の上部を切り出し、下部を燕尾形に切って本体にする。上部の切り出し部分には、ビニールの被りを持ったナイロン糸で大きく輪を作り、木綿糸によってしっかりと本体に取り付ける。先端はテグスに結び、かつ皮を剥く。台の中央部よりやや上には銅線を餌架け用として取り付ける。また、餌はサバ、アジなどを用いる。

反対側には、沈子として角柱状の鉛の頂部に孔をあけ、切り出し部より木綿糸によって垂下させる。下端の一方には鉤とする鉄製の針金を取り付け、先端をヤスリで研ぐ。鉤は木綿糸によって本体にしっかりと取り付

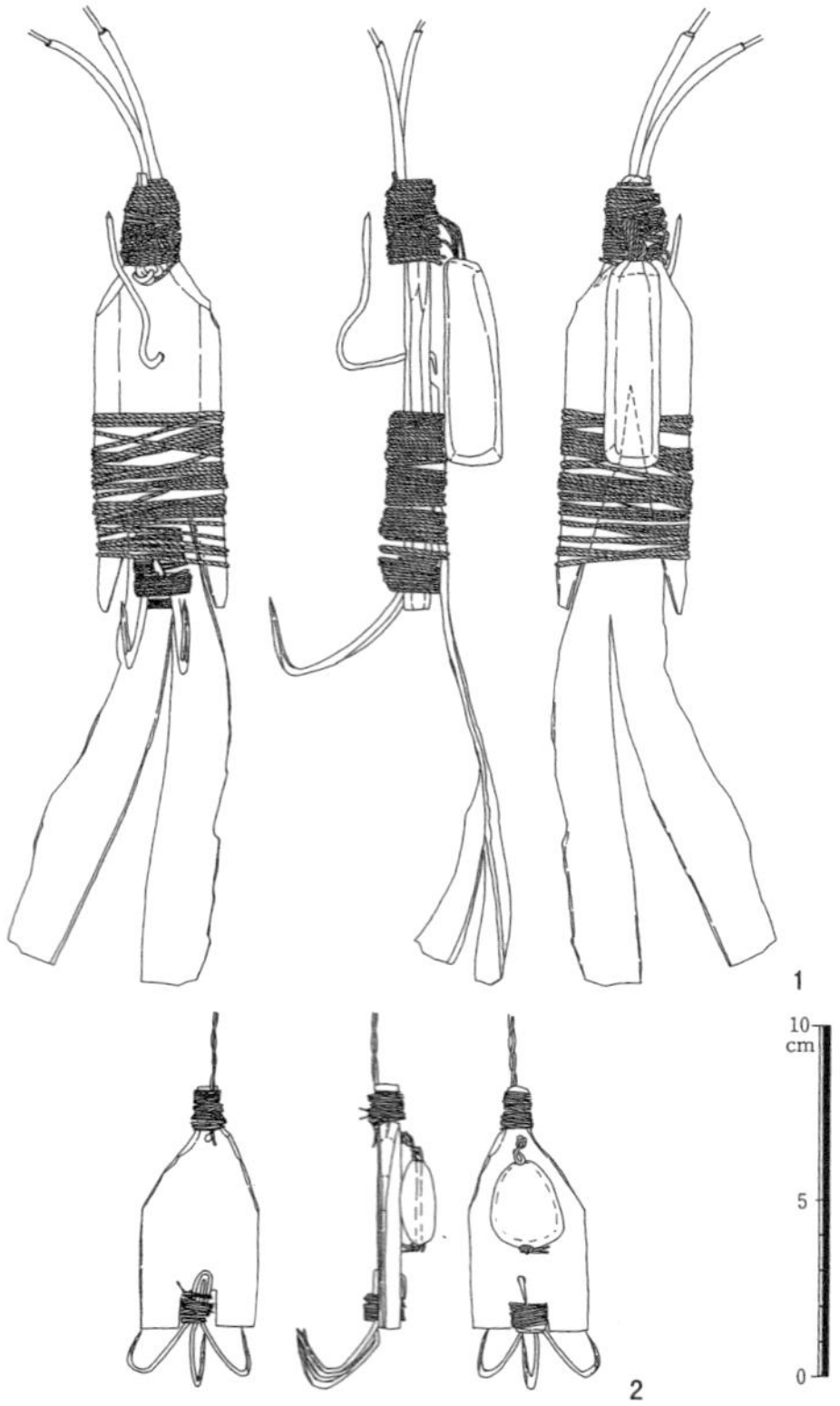

関門海峡の漁具
1－壇ノ浦マダコ、2－同イイダコ

けられる。

それから、一方にビニール製の玩具のボールを裂き足状に分けたビニールを同じく木綿糸によって取り付ける。ビニールは赤色を用いるが、この色はタコを誘うものとして効果があるという。

同じくイイダコ用では、竹を本体にし、同じく上部を切り出す。上端にはナイロン糸を同じく木綿糸によって本体に固定させ、ナイロン糸の先をテグスに結ぶ。

また、沈子として、孔を持つやや下膨れをして楕円形をした鉛を、ナイロン糸を通し下げる。台の下端は鉄製針金を足袋糸によって取り付け、先端をヤスリで研ぎ、鉤とする。

❷ 漁法の実例

ここで、漁の代表例として博多湾の福岡市中央区伊崎、関門海峡の山口県下関市壇ノ浦における例を紹介する。

この二地区の漁民はいずれも手釣り漁だが、伊崎は曳き、壇ノ浦は釣りで漁を行う。また、壇ノ浦では漁に従事する漁民も多く、タコ手釣り漁の漁民として関門地域ではつとに知られている。

i　福岡市伊崎

伊崎は博多湾の最奥部に位置する。同じ博多湾に面した西岸にある今津浜崎は、イイダコ壺延縄漁を行っていた。漁法は違うが、この二つが博多湾岸のタコ漁の漁港として知られ、地域のタコ漁の中心である。伊崎港にいる漁師は五〇人ほど、その半数はタコ漁にも従事する。伝統的に伊崎の漁師は、「ソコビキ漁」と呼ぶ曳き漁具を利用してタコを獲るのを技とする、ということで近隣でも知られていた。

漁場は博多湾だが、今日の湾内ではタコは既に壊滅状態であり、湾入り口付近に位置する玄界島周辺で、漁をおこなっているにすぎない。このため、かつてはタコ漁一本で生計を立てていた漁師も数多くいたのだが、今日では、専門に漁をおこなうのは一～二名程になってしまった。

話を聞いた石井久光は、その数少ない一人だった。石井によると、博多湾は海底が泥地・砂地の部分がとても多いので、タコ手釣りでは、曳き漁具が最もタコ漁に適しているとのことだった。

福岡市伊崎

もっぱら獲物はマダコ、テナガダコ、イイダコであり、その中でマダコ・イイダコは昼間に漁をおこなうが、テナガダコは夜間におこなう、という違いがある。

漁具はかつて擬似餌として滑石を使用し、すべて手製だったが、今は擬似餌として市販のセラミックを購入し、かつての滑石の代用品として作る。

漁は四月一六日～一二月一六日までの期間、水深六尋位（一〇m前後）の場所で、舟をゆっくり流しながら片手に八本ずつで計一六本の糸を持って操作する。曳いていた糸に重さを感じたらそのまま舟に引き上げる。八本の糸はそれぞれ長さが違っているので、もつれないように気をつける。

漁れたタコは、地元の市場に出荷するが、イイダコはタイ、スズキを狙う釣りの延縄漁の餌として、伊崎で消費されることも多い。

ii　下関市壇ノ浦

壇ノ浦は関門海峡に面し、漁民の数は現在三五名ほどである。

私が話を聞いた畑武雄は、「関門のタコ漁りじいさん」として知られ、当時八〇歳を越えていたが、かくしゃくとして現役で活躍する最長老であった。関門海峡の潮の流れ、海底の状態を手に取るように熟知しており、関門の生き字引のような人である。

畑のお祖父さんは、幕末の頃、高杉晋作を対岸の小倉まで舟に乗せたことがあるという。晋作はとても粋な人であったそうだ。吉川英治の『新平家物語』の潮の流れの記述はおかしい、とも語ってくれた。

窓の外には海峡が見える家の茶の間で語ってくれた。

ここは眼の前の関門海峡を漁場とするが、海峡は潮の流れがとても早く、そして海底に断層が多く走っているために、漁は曳きではなく釣りでおこなう。ここでは「タコ釣り」と呼ぶ。曳き漁具は、対岸の九州小倉の漁師が得意とし、響灘に浮かぶ六連島（むつれじま）付近で漁を行っていた。

壇ノ浦も、大正時代までは曳き漁具を用いて漁をする者もいたが、今はまったくいなくなった。

昔からのここの漁師はタコ漁で生計を立て、かつては漁で得る収入の九〇%はこの漁で稼いでいたほどだったが、今では漁に占める割合が低下し、スズキ釣りで八〇%、タコ釣りで二〇%という割合になっている。

イイダコは海峡では絶滅状態になり、漁そのものも五～六年前より中断されている。マダコも海峡に現れないことが多く、漁期も一〇月～わずか一、二カ月だけだが、かつてはマダコも漁期が長く、眼前の海で三月の節句～一一月末頃まで、盆前後は卵を持つので保護もあってその間は休漁としていた。イイダコは西端の彦島付

下関市壇ノ浦

近を主な漁場とし、一〇月～翌年三月頃までおこなっていた。漁具はいずれも手製である。

マダコ釣りは二本の糸を持ち、舟は潮流に任せながら流し、手首を上下させながら、海面下のタコを誘う。糸に重みを感じたら、舟に手繰り寄せる。深さで五尋～三〇尋（七・五～四五ｍ）の場所が主である。また、海峡にはいたる所に断層が走っており、それに糸が引っかかることも時々あるそうで、その時には、自分で工夫して作った装置を糸に沿って落とし、糸を引き上げる。

イイダコも同じだが、ただし糸は六本用いる。

タコはイイダコ、マダコとも地元の下関唐戸（からと）市場に、潮流に育まれた身の引き締まった「関門もの」として出荷している。

関門の地ダコ（下関市唐戸市場）

彼の手作りのタコ釣具を貰ったが、漁師は一般に器用と言われているが、まさに優品である。話の途中のでてきた引っかかった糸を外す道具などこれまた発想がなくしては考案されない道具である。

❸ オセアニア地域での漁と歴史

日本列島の東側は広大な太平洋が広がっており、太平洋から見たら、日本列島はその西端にある。その日本の沖縄からハワイを頂点としたオセアニアの地域にかけては、サンゴ礁が広がり、そこにタコが棲息し、それを狙ってタコ漁が盛んである。沖縄ではタコは潜水漁、見突き漁が盛んだが、中でも潜水漁によってタコが漁獲されることが多い。

オセアニア一帯では一般的に潜水漁でタコを漁ることは少ないようであるが、その代わりヤスを使用した刺突漁、それからタコ手釣りによる釣り漁が盛んだ。

漁の中でもタコ手釣り漁の漁具は道具としての形態も独自性をもっており、民族学的にも興味深いものである。もちろん、擬似餌としての効果を狙っていることには違いない。

この漁を調査する機会を得たので、紹介しておく。

1は西サモアのサマメア村で使用されていたもので、現地サモア語で「Ｐｕｌｅ（タカラガイ）Ｔａｉ（ひきつける）Ｆａ・ｉ（タコ）」と呼ばれている。日本語で訳したら、「タコを引き寄せるタカラガイ製の道具」と読んでもいいのであろうが、タコ手釣り漁の漁具として分類できよう。

タカラガイは肉食性の貝で、とても美しい貝殻をもっている。その貝殻を利用するのだが、これもタコを呼び寄せるのにタカラガイという貝を使用するのがミソである。


本体の部分は、石英系統の石を丁寧に研いで、タケノコ状の先端が尖った円錐形にし、これが沈子となる。そして、その上にタカラガイの殻を半球形に割って研いだものを、少し重複させながら上下に被せる。下の貝殻は上の貝殻に比べてやや大きい。

その貝殻に孔をあけ、透明のビニール紐を通し、下の貝殻は幾重にも通してしっかりと本体の石に巻き付ける。上の貝殻も紐を通して下の貝殻に軽く結ぶ。このときしっかりと結ばず軽く結んでいるのがミソで、動かすと「カチャカチャ」と音をたてるようにするのが、この漁具の特徴であ

西サモア　サマメア村のタコ手釣り用漁具

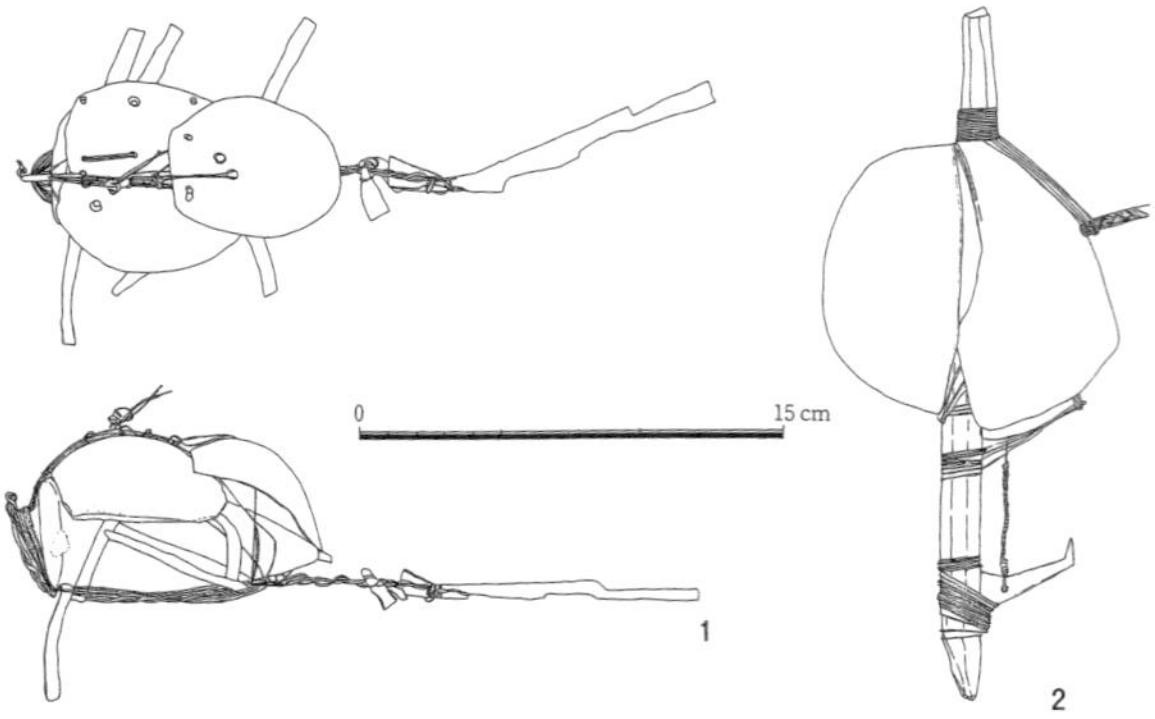

トンガ諸島、ハワイのタコ手釣り漁具（1－トンガ、2－ハワイ）

る。
本体の石の前には鉄製の針金を二つに曲げてそえ、後ろに伸ばす。それに先ほどの貝殻を通した紐も、本体を通したものも一緒に巻き付け、針金に沿って幾重にも走らせる。針金の先端にビニールを切ったものをくくる。また、石と針金の間にはビニールを切ったものを挟み込む。

こうしたものを上から見ると、片側に三本ずつでネズミの足とは数が違うが、六本の足が出ているような形になり、後ろに伸びたビニールは尻尾となる。この漁具は、少し近代化しており、本来は針金の代わりに小枝、ビニール紐の代わりにココナッツ製の紐、両側と後ろに飛び出したビニールは、オリジナルはココナッツの葉を使う。

ここに示している漁具も材質は少し異なっているものの、オリジナルな姿を強く残している。

タコ漁においては、水深二m以内の浅いサンゴ礁の礁内で使用されるものである。漁期は五月頃が最も良く、時間は白々と夜が明ける頃がタコ漁を行うのに都合がよいとされている。この漁具を海中に投じて海底からやや浮かせ、ガチャガチャと音を立て漁具を動かすと、タコは引き寄せられ巻き付く。この時すかさず一気に舟に引っ張り上げる。

この漁具は、形を少し変えながらもエリス諸島、フィジー諸島、トンガ諸島、クック諸島にも見られる。形を見れば想像できるように、ネズミの形を模して作ったものなのだ。

この漁で使う漁具がなぜネズミの形をしているのか、その起源の話として伝わっているのが「タコの敵討ち」の話だが、これは後述することにしたい。

2（前頁の図）はハワイ諸島で使われているもので、現地語では「Ｌｅｈｏ（タカラガイ）Ｆｅｅ（タコ）」と呼ばれる。

漁具の中心部には木をシャフトに用い、上の方を面取りし、下の方の先端を削いだものを使う。このシャフトの真ん中より少し上にコーヒー豆形の沈子（ちんし）を取り付ける。沈子はシャフトと接する面がフラットで、反対側の面に紐かけ用の溝を持ち、考古学的には有溝石錘（ゆうこうせきすい）と呼べよう。この沈子を紐によってシャフトにしっかりと固定をさせる。

また、シャフトをはさんで沈子と対する位置に、タカラガイを割って作ったものを装着する。タカラガイは丸ごとそのまま使用し、殻には二カ所に孔をあけてそれぞれ紐を通し、シャフトに固定する。上の孔はテグスを取り出すのに使用している。

シャフトの下には、イヌの犬歯を紐で取り付ける。釣鉤の付け根に孔を穿ち、それにも紐を通してシャフトに固定する。また、これには装着されていないが、一般的にはシャフトの下の部分に、タコを引きつけるための誘いの効果を持つとされる房飾りをつけたものが多く用いられる。

ハワイでは、この「Ｌｅｈｏ　Ｆｅｅ」と呼ばれるものと「Ｋｉｌｏ」と呼ばれるタコ手釣り漁の二つの漁具が知られているが、この両者は漁をする場所の水深の違いによって使い分けられる。

「Ｋｉｌｏ」は「Ｌｅｈｏ　Ｆｅｅ」からタカラガイを取り除いた漁具で、六～一〇尋（九～一五ｍ）とやや水深の浅い場所にいるタコを漁するのに使う。

もうひとつの漁具である「Ｌｅｈｏ　Ｆｅｅ」は、それに比べて一〇倍以上の八〇～一二〇尋（一二〇～一八〇ｍ）にもなる深い場所にいるタコを獲るときに使う。タコがいそうな場所に降ろし、足を伸ばして絡みついた手応えを感じると一気に舟に引き上げる。

これに類似した漁具は、ハワイ諸島の他、マルキーズ、ソシエテなどの東ポリネシアの島々、及びミクロネシアのマリアナ諸島、マーシャル諸島にも見られる。

漁具も少し差があるが、基本的には、石製沈子とタカラガイを使用する疑似餌の効果を持ったタコ手釣り漁の漁具である。

あえて、ポリネシアのタコ手釣り漁の漁具を分類すると、西サモアを中心とするネズミ型とそれ以外のものとに分類できる。

この地域におけるタコ手釣り漁の歴史的なものを少し検討してみたい。

島々が点在するオセアニアの地域は、一般にミクロネシア、メラネシア、ポリネシアという三つの地域に区分され、人類が最後に到達した世界がポリネシアだ。かつてハイエルダールは南米起源説を提唱したが、考古学を含めた研究の進展により、アジア大陸よりメラネシア、ミクロネシア、ポリネシアへと人が広がっていたことが明らかになってきた。

この移住していった人々の文化は、航海民が創りあげた「ラピタ文化」として知られる。紀元前二〇〇〇年にニューギニア付近に現れ、ポリネシアへの移住は紀元後三〇〇年頃から始まった。

そしてこの文化はポリネシア文化となって発達するが、ヨーロッパ人による大航海時代を迎えるまで基本的に同じ文化が続いていた。

ヨーロッパ人の渡来によって鉄器時代を迎え、キリスト教の導入によって在来の宗教も変容するなどかなりの変質も受けたのだが、宣教師の残した文献と今日使用されている道具によって考古学的な資料もかなり復原可能だ。

今日の東ポリネシアのタコ手釣り漁では、西ポリネシアにおいてはネズミ型の漁具を使用するのに対し、ネズミ型ではない。

中心部に使っている沈子を見ると西ポリネシアは円錐形をしており、東ポリネシアのものはコーヒー豆片をしているのだが、考古学的な資料を検討すると面白いことがわかる。

マルケサス諸島のウアフカ島のハネ遺跡の発掘調査では、第Ⅳ層から上の層は今日の漁具と同じようにコーヒー豆型の沈子が出土するが、第Ⅴ層から下は西ポリネシアにネズミ型の漁具に使用される円錐形の沈子が現れる。第Ⅴ層の放射性炭素の測定結果によると、紀元後八五〇±一〇〇年という年代が与えられた。

つまりこの遺跡では初期は円錐形の沈子が出土することから、ネズミ型の漁具が使用され、それが今日も使用されるコーヒー豆型の沈子に変わる。

ネズミ型のタコ釣具は単にタコを絡ませるだけで獲るというものであるが、これに釣鉤を用いるように発達した結果、より漁具としての効率性は増したと見られる。

こうしたタコ手釣り漁具は、東ポリネシアだけでなくミクロネシアのマリアナ諸島、マーシャル諸島にも存在し、いずれもタカラガイの貝殻を利用した擬似餌が付く。

このようにこの一帯におけるタコ手釣り用の漁具の起源としては、西ポリネシアで誕生したと考えられるのではなかろうか。

タコ手釣り漁の痕跡を見る

タコ手釣り漁における二つのタイプ、つまり「曳き」、「釣り」という違いを知ることのできる資料は出土していない。

考古学的資料は土中で腐敗していくため、資料的な制約を受けることが多い。漁具出土資料で比較的に多いのは、沈子としての機能が考えられる土錘・石錘と呼ばれる遺物である。土錘・石錘を除く他の部分は、腐朽しやすいものが多く、なかなか残っていない。

そこで、この土錘・石錘と呼ばれる資料の中から、タコ手釣り漁に使用したと考えられる沈子を探り、漁の起源を推定していくが、参考として、今日の漁の漁具は重要な情報源となる。これと漁師の話を合わせることによって、漁の復原が可能なのだ。

その結果、今日漁に使用する漁具の沈子は鉛製が大部分だが、かつては石製であったことが知られる。また、鉛製になっても祖型の石を形のまま写し取ったものが多い。

まず、釣りとして使用されたものは、比較的早く沈子は石から鉛へと転換した。

この理由として、釣り用の漁具はイイダコで三〇～六〇g、マダコで五〇～一六〇gの重量を持つが、沈子はもっと軽く、曳き用に使用されるものと比べて軽量なのが特徴である。軽い点が、採算的な面からも比較的に早く鉛への転換を進めたことになったのであろう。

長崎県南高来郡有馬町大江、山口県下関市壇ノ浦の漁具は古い姿を留めている。

中でも大江の例では、沈子の頭部近くに孔をあけ、底部にかけて針金を通すための溝を作り、本体に固定させる。釣り用の沈子の特徴として上げられるのは、一般の釣り漁の沈子と違って、本体に紐を通して垂下させるものが多く、扁平、あるいは角柱状をしていることである。これだと面が本体に密着できるので、本体と共に海中にスムーズに沈下していくことが可能となる。

曳き用として使用される沈子は、かつて可児弘明が、東北地方のタコ手釣り漁の漁具について検討をし、考古学的資料についても触れている。

そこでは、石の短軸側に人が打ち欠きをして加工した石製沈子の中に、タコ手釣り漁の沈子の可能性もあるのではと、提言をしている。ただ、残念ながら具体的なものは出してはいない。

資料的な制約もあって、ここに出すものはいずれも福岡市周辺で出土したもので、他の地域でも同様な作業によって検討することができよう。少し説明が細かくなるかもしれないが、見てみることにしたい。

▽福岡市姪浜遺跡から出土した1は破損していない完形品である。石製で滑石片岩を使用している。

縦長の台形状をし、沈子に沿った周囲にシャープな溝を巡らし、鉤を通すためのものと考えられる。重量は二〇g強を計る。海底に接する面が使用によってかなりスリ減る。時期がはっきりしないのは残念だが、形、沈子を巡る溝、重量からもイイダコ、テナガダコ、マダコ用の曳き、釣り用の沈子と極めて似ており、これらの沈子である可能性が強い。

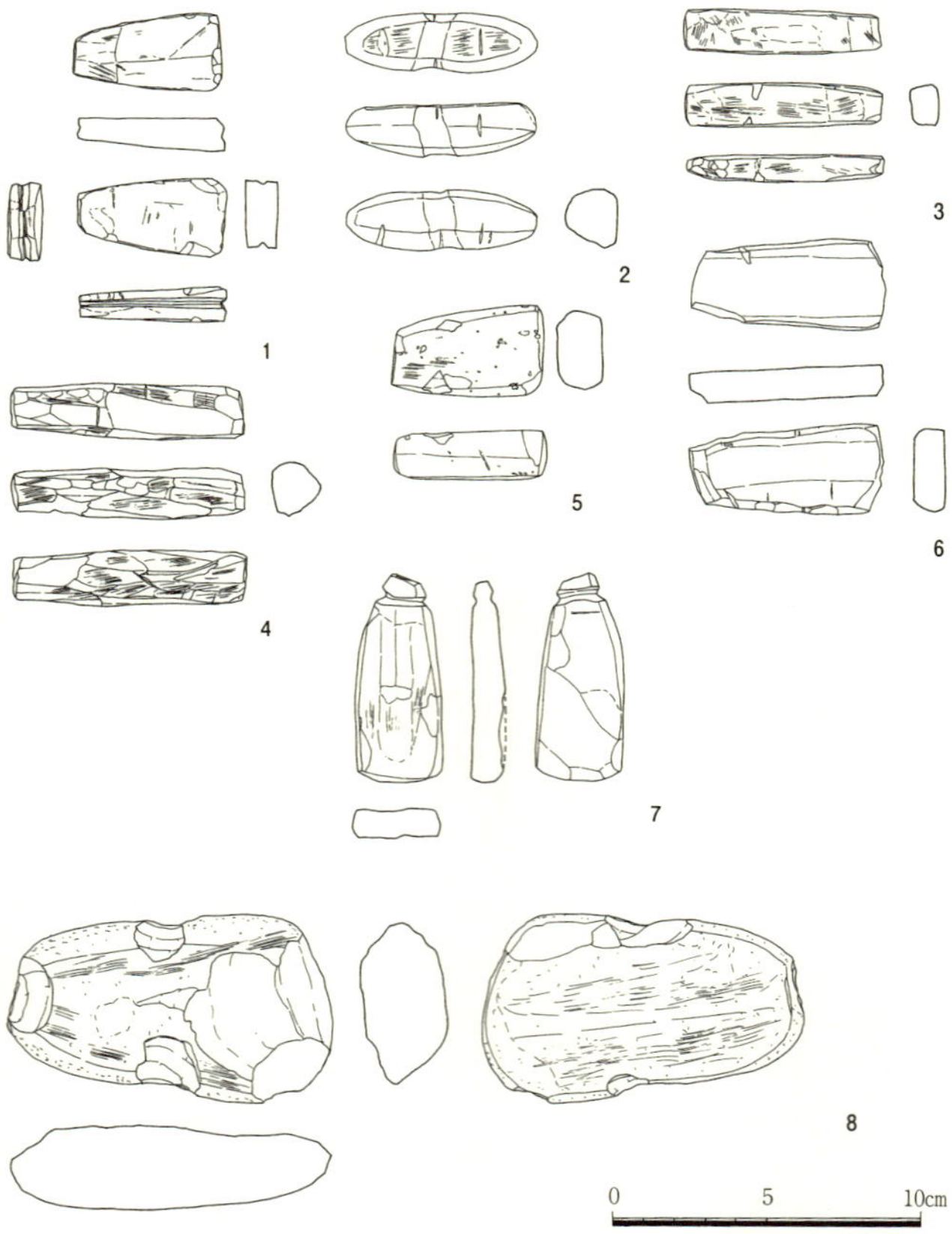

出土沈子
1－姪浜遺跡、2－西新町遺跡、3・5－博多遺跡群、4・8－有田遺跡、
6－藤崎遺跡、7－御床松原遺跡

▽博多湾に面した福岡市早良区西新町遺跡出土の**2**は唯一土製である。古墳時代初めの住居跡から出土した。西新町遺跡は住居跡・墓地から成る砂嘴（さし）上に形成された複合遺跡で、津、港的機能を持ったと考えられる。漁撈関係の出土遺物としては、土製のイイダコ壺などの漁具、石製沈子、土製沈子などの網漁・釣り漁に使われたものだと考えられるものも多く発掘されている。

全体は海底に接すると考えられる底部がフラットなマユ型とも呼ぶべき形をし、上は丸みをもち、重量二〇g弱である。全体にやや面取りをおこない、底部の長軸方向に向かって著しい擦痕が認められる。中央部には浅い溝状の凹みがあり、中ほどと両端近くに紐ずれと見られる痕跡がある。色調は赤褐色で、胎土は緻密で硬質感をもつ。

沈子出土遺跡地図

このような形をしたものは、福岡市の伊崎で用いられるマダコ、テナガダコ用の曳き用の沈子と類似し、使用痕も同様な傾向を示している。

伊崎例では、沈子にはかつては滑石を使っていたが、今日ではセラミック製に代わっている。重量は沈子だけで二〇gあり、考古学的な出土遺物とほぼ同様の値を持っている。

出土沈子の色は赤褐色をしている。光りに関係するかもしれないが、タコは白、赤系統を好むと話す漁師は多く、疑似餌を用いる場合はこの二つの色を使用することが実際に多い。滑石は白系統だが、この沈子も海中に入れた場合、赤系統なのでタコを誘う疑似餌としての効果も持つのだろう。

その形の類似性、機能性から考えてマダコ、テナガダコ用の曳き漁具としての沈子と想定することができる。

▽福岡市博多区の博多遺跡群からの出土で、遺物が含まれている包含層であるが、時期は残念ながら分からない。

博多遺跡群は福岡市博多一帯に広がる遺跡で、古代から中世にかけて栄えた「袖の港」を中心とする都市遺跡である。漁撈関係の出土遺物も多く、土製、石製沈子などの網漁、釣り漁の沈子、あるいはタイ、イルカ、サメ、マグロなどの魚骨も出土する。しかし、当たり前だが骨がないタコは考古学的には発見されない。

3は全体はやや後ろが太い扁平な四角形をし、重量は一五g強を計る。滑石製である。断面を見ると、上面はフラットだが、下面はやや中央部が膨れて湾曲し、調整をした結果だろう。上面はやや荒れてタテ方向のキズが多く見られ、それに対し下面は長軸方向のキズが多い。沈子の両端部から三分の一の位置に紐づれと見られるキズ、使用によるマメツ痕が見られる。

この沈子は、台に縛り、使われたのではなかろうか。その場合、滑石なので、疑似餌としての効果が抜群である。これそのものは、今日の漁具の中に類例はないが、重量その他から考えると、イイダコ用の曳き漁具としての、沈子の可能性が高いと考えられる。

▽福岡市早良区有田遺跡からの出土である。有田遺跡は室見川の河口近く、独立丘陵上に位置する大規模な遺跡である。弥生時代以後、断続的に継続し、沿海に位置する典型的な農耕集落の一つと考えられるが、海に近いせいかイイダコ壺、網漁に使われたと考えられる土製沈子、石製沈子も多く出土している。

4は溝からの出土であるが、時期は不明だ。面取りも丁寧で棒状をしている。滑石製で重量四一gを計り、片側を全体の三分の一ほど削って細くしている。断面は多角形状をしている。

有田遺跡からの出土品は疑似餌として使われたと考える。中でも曳き用としての沈子の可能性が大だが、釣り用としても使用できる。重量面から、マダコ用と想定できるのではなかろうか。

5も同じく有田遺跡からの出土で、溝から検出され、時期は不明だ。扁平な台形状をし、白っぽい花崗岩質で、滑石と同じ疑似餌としての効果がある。重量三五gを計る。上面には両側ともに紐掛け用とみられる刻みがついている。また、ポンポンと叩いたような敲打上の剥離痕がプツプツと見られる。

▽福岡市早良区藤崎遺跡から出土した**6**は石製沈子である。

藤崎遺跡は室見川の河口に位置し、先の西新遺跡の西側にあたり、同じ砂嘴の上にある。遺跡の内容、出土遺物も似ており、漁撈関係の資料も多い。ピット状の遺構から出土し、中世に比定される。重量三六gで、有田遺跡とほぼ同じような大きさを持つ。頁岩製で、材質から疑似餌としての効果は期待できない。台形の板状をし、周囲を研いて形を整え、前方側面を叩いてやや窄める。また、その近くには刻みを施し、紐づれの痕跡が少し認められる。

5、**6**は福岡市伊崎での使用例、あるいは加布里湾で使われていた前原市加布里の漁具の台座に用いられる鉛板と良く似ている。また、これに比べるとやや大型だが、博多湾に位置する福岡市西区唐泊の漁具とも似る。これらはすべて曳き用として使用される。海底を曳くために沈子が長軸方向にすり減ったり、スリキズが付くが、この点も、同じ痕跡をもっている。中でも伊崎の例は、セラミックの疑似餌を除くと重量は三〇gほどで重量的な面からも近い。これらの点から考えて、テナガダコ、マダコ用の曳き漁具としてこれらの沈子が使用されたと考えられる。

▽次に糸島半島の西、引津湾に面した糸島市志摩町御床松原（みとこまつばら）遺跡出土の資料である。

御床松原は砂丘上に営まれ、釣鉤、石製沈子、土製沈子などの釣り、網漁に使用されたであろう遺物、潜水漁で使用されたと考えられるアワビ起こし、土製のイイダコ壺などの多量の漁撈具、及び半両銭などの貨銭も発掘され、この遺跡が漁撈活動、あるいは対外的な海上交易活動もおこなっていたことを知ることができた。時期は弥生時代終末から古墳時代にかけてである。

7は包含層からの出土品で、時期は不明である。前の部分に溝を持つのが特徴的で、重量三〇gを計る。全体的にやや反り、粘板岩製である。前方部のシャープな溝は幅四㎜で全体を廻り、先端部をツマミ状に作り出す。上面の長軸方向にキズが多く見られ、特に中央部は著しいキズがつく。下側部分は後の方が壊れ、残りの部分も極めてマメツしている。短軸のヨコ方向にも少し欠落が認められる。

この石製沈子は溝を持っているのが特徴的である。このことから釣り用の沈子として使用された可能性が高い。もちろん粘板岩製であるので、疑似餌としての効果をあまり期待できないので、餌を取り付けて使用したのではないかと考えられる。

次に全体を加工したものではなく、石の一部分を加工した礫製沈子の中で可能性を見てみたい。

▽有田遺跡の溝より出土した8は時期は不明だ。全体は一方がやや太い下膨れの形をした楕円形をしている。断面は上面が平坦で下面はやや反っている。下はヨコ方向の擦痕が多い。タテに二カ所、ヨコにも本来は二カ所の石を叩いて打ち欠いた抉りを入れたと思われるが、片側は剥落し、欠損している。四カ所で紐止めしていたのではないかと考える。

問題となるのは礫製沈子である。礫製沈子の起源は古く、縄文時代には主流となっていた沈子であり、各地で出土している。

礫製沈子は、タコ手釣り漁以外では、今日でも網を沈めるために用いられる場合がある。網の下の部分の沈子綱に装着されるが、装着方法は沈子綱に直接結ばれる場合と沈子綱に紐によってぶら下がる形にセットされる場合がある。

この違いは、使用する場所の海底が泥か砂地かの違いを反映している。

沈子は一般的には、直接、間接かの違いはあるものの、沈子綱に装着されるが、長軸方向が綱の方向に合わせ、短軸方向に紐をかけて固定をすることに違いはない。紐によって固定する付け方の場合、沈子両端を固定するものと、沈子中央部を固定するものとがある。

沈子の両端を縛る場合は、短軸方向に紐を掛けるための刻み、あるいは溝を持つ必要はない。つまり加工する必要はない。自然石でも紐が外れないような緩い凹みがあればよい。中央部を縛る場合は、ノッチあるいは溝を入れるか、加工しなくても紐がはずれにくい形状のものを選んで用いる。

短軸方向にだけノッチを入れるものは、網漁では沈子綱にぶら下がる形で着装するのだが、このタイプのものは網漁ばかりではなく、釣り漁の延縄漁の沈子として使用されるものも多い。

この場合は、沈子はむろん固定されず、紐をかけて単に幹縄に結び延縄を沈める機能を持つ。固定しないのが原則であり、沈子の形も、網漁に使用するものは扁平な形を呈しているのに対して、よりフレキシブルである。

　一般的な網漁、釣り漁に使用する沈子で、三〇〇g前後の値を持つものは、かなり大型品で、特殊な用途を持つ。最大で二〇〇g前後のものが大部分だ。大型品は固定式の網に使用されるものが多く、沈子も動きがなく壊れ方もずい分違う。

　その点を考えると、二点の遺物はこうした使用状況は考えられない。また、タコ手釣り漁の曳きに使用される沈子は、漁の性質上、海底を滑っていくことにより、著しいマメツが認められる。このような点を考えると、漁の限定ができるのではないだろうか。

　この石製沈子は、他の沈子に比較して著しく重い。今日使用する状態で確認することはできなかったが、聞き取り調査によって、かつてマダコ用として用いられた沈子で、沈子の上に直接鉤を付けたタイプと類似することを知った。

　また、使用によるキズの在り方、考古学的にいう使用痕を検討すると、福岡市西区唐泊、それから少し距離はあるが、鹿児島県始良町のマダコ用の曳き漁具と似ている。

　このマダコ用の曳き漁具として使用される沈子は、二五〇～三〇〇g前後の大型品で、かつて石を利用していた当時は、これよりも重量のある物を使用したという。沈子は疑似餌としての効果というより、あくまで海底に沈下させ、鉤を曳くための役割をもつ。

　以上数例についてみたが、この中で形も今日のものと極めて似ているこれらの沈子をマユ型沈子、扁平台形状土製沈子、及び石製沈子、礫製沈子と取りあえず便宜的に仮称しておきたい。

　マユ型土製沈子の下面がフラットなのは曳く漁具としての目的のためで、扁平台形状土製沈子や石製沈子がやや反るのも、海底が泥質の場所を曳くからに他ならない。これがより目的に適合化させたら舟型を呈することになる。伊万里湾の漁具はその一例である。

また、扁平台形状土製沈子や石製沈子は、その形より、持ち運びをするハンディタイプの砥石の可能性も考えられるものだが、それについた使用の時に付いた傷などの状態から、曳き漁として使用され可能性が高い。以上、出土資料について限定的かつ想定ではあるが、博多湾沿岸とその周辺地域では、この漁の起源が少なくとも古墳時代までは遡る可能性が考えられる。

また、他の地域にあるのかを検討しなければならないが、今日までの時点で、マユ型石製沈子、扁平台形状土製沈子・同じく石製沈子の出土を、私は知らない。出土資料の総点検の必要はあるであろう。また、礫製沈子の中でも、漁に用いられた沈子を推定できる可能性も指摘しておきたい。

タコ手釣り漁の文化的・歴史的な背景

考古学的には、残念ながらここまでしか検討できないが、文献資料・その他を使い、今日的資料と考古学的資料との間を埋めて汎日本的な範囲の中で位置づけてみたい。

タコ手釣り漁の漁具は、日本各地に様々なタイプのものが見られる。中村利吉の編著になる『釣鉤図譜』には、今日では見ることのできない各種のものが記載されている。

これに、私が調査したものを含めて検討すると、およそ次のように分けることができると考える。

① 九州の島原湾から玄界灘を経由し、瀬戸内海大阪湾までの地域、それと房総沖までの太平洋側で使用されるもの。——特徴として、板状の木・竹を台に用いて本体とし、先端に鉤を持ち、オモリである沈子を台に下げ、あるいは直接台に取り付けたもので、極めて均質で同一性を持っている。

② 本州の日本海側、島根より以北、青森の津軽海峡までの地域であるが、中心は福井県までの日本海側で使用されるもの。——特徴として、中心部に楕円形の丸石を沈子として使用し、それに熊手状に広がる竹製のケタ、および鉤から構成される。

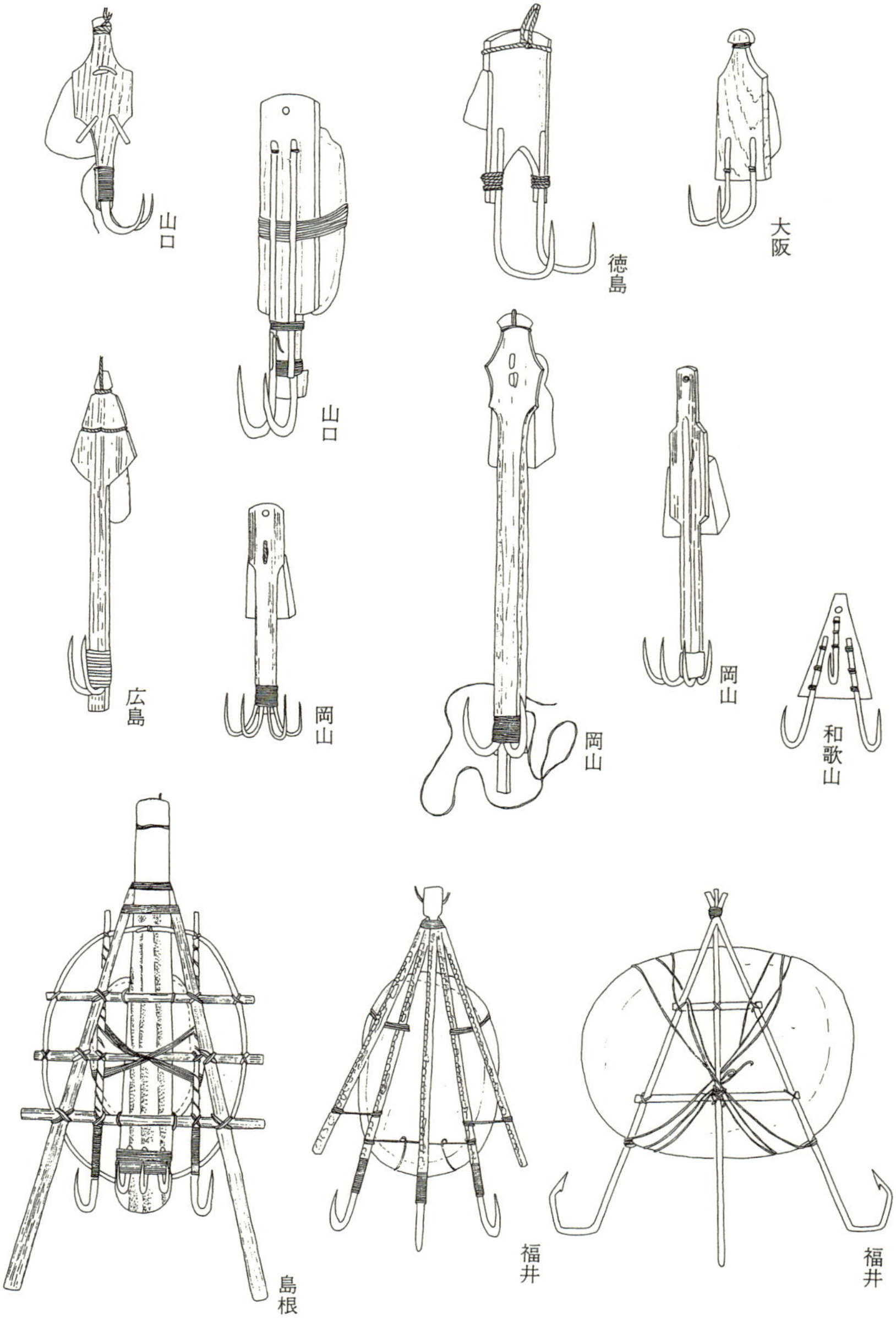

タコ手釣漁具集成（中村、1979より改編・トレース／縮尺不明）

この他、仙台以北の太平洋岸には、①、②の中間的形態をもつものも分布するし、日本各地に沈子としての石に直接鉤を結びつけだけのものも広く使用されている。

②の漁具は和歌山県の漁具との類似性が強い。近世、関西漁業は活発な興隆を迎え、各地に漁場を求めて拡大していった。紀州和歌山の漁民もその一つの集団で、千葉県、東北地方、日本海側へと漁場を開拓している。これらの地域に、漁具が伝播した可能性が考えられるのではなかろうか。

①の漁具はほとんど均一で、タコ手釣り漁の漁具が、この①の地域が中心であったことを想定できるし、発達させた可能性も高いのではなかろうか。

漁撈手段によってみると、タコ漁でも漁具を用い、かつ地域的に広がりを持つのはタコ手釣り漁、タコ壺漁、刺突漁である。

漁の中でタコ手釣り漁、刺突(しとつ)漁はタコ壺漁に比較して道具自体も小規模で個人単位の製作が可能であり、漁も個人の技能に依存する割合が高い。個人の技能に負うということは、それだけ漁に対する漁師のプライドも強い。

青森県の津軽海峡に面したマグロの一本釣りで知られる下北郡大間町の調査報告の例でも、刺突漁の漁師のステイタスが最も高く、次いでタコ手釣り漁・・というようなランク付けが知られる。これはこの地域の特徴ではなく、各地の漁村の中でも同じだ。

このように刺突漁と釣り漁は一攫千金の商品性の高い獲物を狙うのが特徴的で、海のハンターとでもいえよう。

私はタコ手釣り漁の起源は、見突き漁に起源があるのではないかと考えている。

というのは、見突き漁は潜水漁と近似する漁法で、潜るか潜らないかの違いで、漁具も似たものを使う。つまり、潜水漁では漁師自体が水中活動して獲物に近づくのに対し、同じく地先の磯場を対象とするが、舟の上

手釣り漁、見突き漁、潜水漁主要分布図（タコ漁）

から箱眼鏡を使用し、海底を覗きながら漁を行う。
対象となる獲物はヤス、鉤などを使用してタコの他、アワビ、サザエなどの貝、ヒラメ、タイ、スズキなどの魚類、カニ、エビなどの甲殻類、及びコンブ、ワカメなどの海草類、他にウニなどを漁る。漁獲物も潜水漁とまったく同じで、いずれも極めて商品性の高いのが特徴的だ。

漁は所によってまちまちだが、中には二〇m近くの深さまで竿をつなぐ場合も見られる。潜水漁と比較した場合、この辺りが素潜りの限界ラインであろう。このような漁の性格上、漁の成立条件として海中の透明度が高いことがその一つとなっている。

このような見突き漁とタコ手釣り漁との関連性を見せる類例を紹介しながら、関係を探ってみたい。

日本海側の山形県でタコ釣り漁の盛んな庄内浜の漁が詳細な報告されているおり、そこでは漁師は「タコシブキ石」、「テツモンカイ」と呼ばれる漁具を用いて漁を行っている。

この漁では、漁師は海面から海底を覗き、タコのいる岩場にカニを結びつけたタコシブキ石（有孔円盤状石製沈子）を落とし、タコがカニの餌に食いついたところで引き上げる。タコが海面近くになると鉤がついていないため、タコが逃げてしまうおそれがある。そこで、テツモンカイを使用し、タコを引っかけて舟に引き上げる。

それから、新潟県の日本海沖の佐渡では、鉤、ヤスをタコ獲りに用いるが、その先端にカニを縛り、タコのいそうな岩穴の前に落として誘い、引っかけ、あるいは突く。

つまり、いずれも二重の装置によってタコを獲る。

また、江戸時代に編纂された『日本山海名産図絵』には、愛媛県におけるタコ手釣り漁が紹介されている。

それによると、伊豫（今日の愛媛県）長浜にはタコがひじょうに多く、張鮹として市場に出している。漁師は「スイチヤウ」という道具でこれを釣る。小板の表の端に鉤を二つ付け、それにカニの餌をつけて石を添へて二カ所ほど括り、糸を付けて海中に投げ入れる。タコはカニを食べようとして板の上に載った手応えを漁師は感じて引き揚げる。そして、岸近くまで引き寄せると、タコは驚いて逃げようとして今度は取り付けられた鈎にかかるという。

このように、タコ手釣り漁に使用する漁具は、鈎ごと飲み込んだ魚を釣る一般的な漁具と少し構造が異なる。一般の魚を対象とする漁具では釣鈎に餌か疑似鈎を使用し、一般的に沈子より独立し、釣鈎自身もかかった獲物が外れないようにカエリを持つものが多い。

タコ用は各地の漁師が「ヒッパリ」「タコカケ」「タコヒキ」などと呼ぶように、鉤はカエリを持たず、餌も鉤にはかけずに沈子、台そのものに結んだり、疑似餌を使用し、鉤はタコが外れないようにするために用いるなど、引っかけるという機能を優先させている。

構造的に見れば、見突き漁の漁具で一般的なヤス、カギなどの刺突具、鈎引具にタコを誘い出すための仕掛けを取り付けたものがタコ手釣り漁用の漁具である、と考えるのが理解しやすい。

ここで、タコ手釣り漁の成立を漁法との関連で、シミュレーションをしてみたい。

例えば沖縄県石垣島では、チョウセンガイをテグスや細紐の先につけてタコのいそうな穴の周りを引き回すとタコが食いつく。それを海面に手繰り寄せて手でつかむといった報告例がなされている。同じような例は長崎県の五島列島をはじめ各地にあるし、有明海の干潟においても、タコではないが、筆を使いながら穴シャコを獲る。こういったものも各地で見られる。

漁場が海岸近くの場合は獲物を誘引させるための疑似餌、もしくは疑似餌的な効果を持つもので十分に漁に対応することができる。獲物の捕獲率を上げるには、誘うための機能をより高めることで、タコ手釣り漁の漁具が生み出された要因ではないだろうか。

タコ手釣り漁と見突き漁は交差する。東北地方、沖縄地方では見突き漁の範中で、タコ手釣り漁の漁具が用いられるのはその証拠で、タコ手釣り漁の成立の姿を留めているのではなかろうか。

タコ手釣り漁は見突き漁の中で生まれたが、その特徴から単に見突き漁の範囲にとどまることがなく、大いなる発展の可能性を持っていた。

つまり、見突き漁の成立のためには、海底を透視できる条件が基本的に必要だ。海底を透視できるからこそ舟を操りつつ海面から漁具を操作し、効果的に漁をおこなうことができる。ところがタコ手釣り漁になると、漁具は擬似餌として獲物を引き寄せるための誘因機能を持つので、海底を透視できることが漁成立の絶対条件とならない。

一般的に見突き漁の場合、深い所では極めて高度な技術が必要だが、タコ漁はそれに対し個人の技能に負うことはより少ない。浅い所で透明度が高く潮流の激しくない地域でおこなわれ限定的である。

こうしたことから、タコ手釣り漁は見突き漁というスタイルの中で考案された漁である、と判断されよう。

ところで、そのようなタコ手釣り漁の母胎となった見突き漁だが、見突き漁と同じく磯場の底物を獲る漁に人が直接潜って獲る潜水漁がある。

潜水漁は男性が海士、女性が海女、一般的にはアマと呼ばれる漁師が直接潜ってアワビ、サザエ、ウニ、ナマコ、タコ、エビ、魚などを手で直接、あるいはヤスなどの漁具を使用して捕獲する漁で、人が直接獲物に対峙する。潜る、潜らないかを別にすれば漁具、獲物は見突き漁とほぼ一緒だ。

今日、潜水漁は、日本近海では南は沖縄県石垣島から北は太平洋岸では房総沖まで、日本海側では石川県能登舳倉島（へくらじま）、及び韓国の済州島、同じく韓国西南海岸一帯に見られる。対象となるものはアワビ、サザエなどの貝類、及びイセエビなどの高級磯ものだ。

当然、タコも棲息地が重複するわけだが、そうした中で、沖縄を中心とする南西諸島ではタコを獲ることが盛んである。タコを獲るのには手づかみ、あるいはヤスなどによって突き刺して獲っている。

これに対し、見突き漁は漁師が潜る必要がないのでより広範で、北は津軽海峡沿いまで広がる。タコ手釣り漁は見突き漁とほぼ同じような広がりをもっている。

タコは隠れ場に棲むという特性をもつ。沖縄から広い南太平洋一帯にかけては岩場に代わってサンゴ礁が広がり、タコ漁が盛んである。沖縄では潜水漁、見突き漁、手釣り漁によるタコ漁が盛んである。オセアニア一帯でも潜水漁、見突き漁、タコ手釣り漁が行われている。

そういう点から、世界におけるタコを対象とする漁撈文化の中で考えると、日本は見突き、手釣り漁文化圏とも呼ぶべき中でその最北端に位置していると言える。

四　世界の中のタコ漁

タコを獲るための漁法は原理的な点から、素獲り、釣り漁、刺突漁、タコ壺漁など獲物を落とし込んで獲る陥穽（かんせい）漁、網漁などに大きく分けられ、釣り漁では手釣り、延縄漁、網漁では底曳き漁、刺突漁では潜水漁と見突漁によって獲っている。

素獲り漁はその名のように漁具を使用しない。主に磯場の穴に潜んでいるイイダコを狙って灰を入れたり、竹筒などで吹き込んだりして飛び出したタコを獲る。

日本各地で広く見られるが、九州の東シナ海側の長崎県五島列島、鹿児島湾に面している指宿では盛んだ。南太平洋でもサンゴ礁内のタコを、地中海に面しているスペインのバルセロナでは、砂地に潜り込んだタコを足で踏みつけて獲る。

この他にも、広く行われていると思われるが、いずれの場合も獲るのは子供、あるいはおかず獲りの範囲のものである。

タコ手釣り漁は釣魚具、曳き漁具を用いる手釣りで、本州以南の地域でマダコ、テナガダコ、イイダコを対象とする。基本的に手釣りだが、中には竿を用いて複数の糸を手繰ってイイダコを獲る竿釣りも見られる。

日本以外では、オセアニア地域において手釣り漁が盛んだ。

釣り漁に入る延縄漁は、横に延びた幹縄に釣鉤を付けた枝縄を複数取り付けたもので、変形として延縄を立てたものもあった。かつて福岡県の宗像市鐘崎でテナガダコを対象として漁を行っていたが、今日では見られない。

延縄漁は日本列島の東北地方、宮城県から北部、北海道にかけてマダコ、ミズダコを狙って行われる。宮城県南三陸町志津川、青森県下北半島、北海道の利尻島では盛んである。いずれも餌を用いない空鉤である。

ヤスを使用する刺突漁は、海面から箱メガネを使いながらおこなう見突き漁と漁師が潜水する潜水漁で行使される。見突き漁では南は沖縄県石垣市島から北上して鹿児島県薩摩半島西岸地帯、そして北海道の岩礁地帯にまで広く広がっている漁である。

漁の対象となるタコは北部ではミズダコ、南部ではマダコである。

漁をおこなう漁村では、ヤス一本だけで対応するのではなく、潜んでいるタコを探るものなど数種類の道具を駆使しながら、最終的にヤスで仕留めている。タコ漁に使うヤスは形態的類似性が高い。

インド洋に面する、アフリカ大陸の東に浮かぶマダガスカル島でも漁師が水中に潜ってヤスでタコ獲る潜水漁、あるいは磯場にいるタコを同じようにヤスで突き刺す刺突漁が盛んだ。

それから、地中海沿岸のギリシャでもタコ漁は一般的には見突き漁でヤスを使用して獲るし、アフリカ大陸側のチュニジアのガーベス湾でも同じように舟上からヤスで突き刺す見突き漁がおこなわれている。

ギリシャが面する地中海東部のエーゲ海は、基本的に海中の栄養状態が貧しい地中海の中でも特に貧弱なため、魚影も濃くなく、その代わりに海の透明度が極めて高く、この漁の在り方が効率的なのである。

また、地中海に面しているフランスのプロバンス地方では、「シャンピオンの鏡」と呼ばれる板に鏡の破片を載せたもの、あるいは同じく餌のカニを取り付けた「曳き道具を使用するもの、また、「アルベタ」と呼ばれ、舟上からタコのいそうな場所に赤い布きれを付けた釣り道具で釣る手釣り漁も見られる。

潜水漁で使われる道具は見突き漁の道具との類似性が強く、水上と水中の違いで、潜水漁ではその名の通り漁師は海中に潜り直接獲物を狙う。

サンゴ礁の発達した沖縄ではこの漁は盛んであるが、温かい場所で行う漁だから、獲物は暖海性のマダコとなる。以前は潜水漁が見られる地域では、タコも対象としていたようだが、今日ではどちらかというと南の地域で盛んだ。九州本土では長崎県の五島列島でもおこなわれる。

日本以外では、台湾本島の東南、黒潮の中に位置する蘭嶼のヤミ族はトビウオを獲って利用することを中心とした生活で知られるが、彼らは潜水漁もおこない、タコもヤスを使用して獲っている。

網漁の一つである底曳き網漁は、地曳き網が一般的には舟によって網を入れ、陸側から人が曳くのに対し、舟を使い海底を曳いて袋状の網に獲物を入れて獲る漁である。底物が対象になり、多種類の魚の一つとしてタコが入る。テナガダコを狙って、韓国でも盛んに獲られ、日本では瀬戸内海での漁獲が多い。

瀬戸内海はタコ漁に限らず、漁の細分化と専門化が極めて著しいのが特徴だ。岡山県の下津井、兵庫県の高砂では底曳き網によりイイダコ、マダコを獲る漁師がいる代表的な地である。

では、タコを獲る世界の地域の中でどのような漁の分布があるのか。

まず、西からタコ食用圏の中で地中海周辺地域であるが、ここでの漁の主体は、舟を利用した網漁の底曳き漁だが、ヤスなどを使用してマダコを船上から突き刺して獲る見突き漁が、特にエーゲ海など透明度の高い海をもつギリシャなどでは盛んである。

フランス　マルセイユの岸壁の魚屋（右端にタコ）

フランス　マルセイユの漁師

フランス　マルセイユの市場のタコ

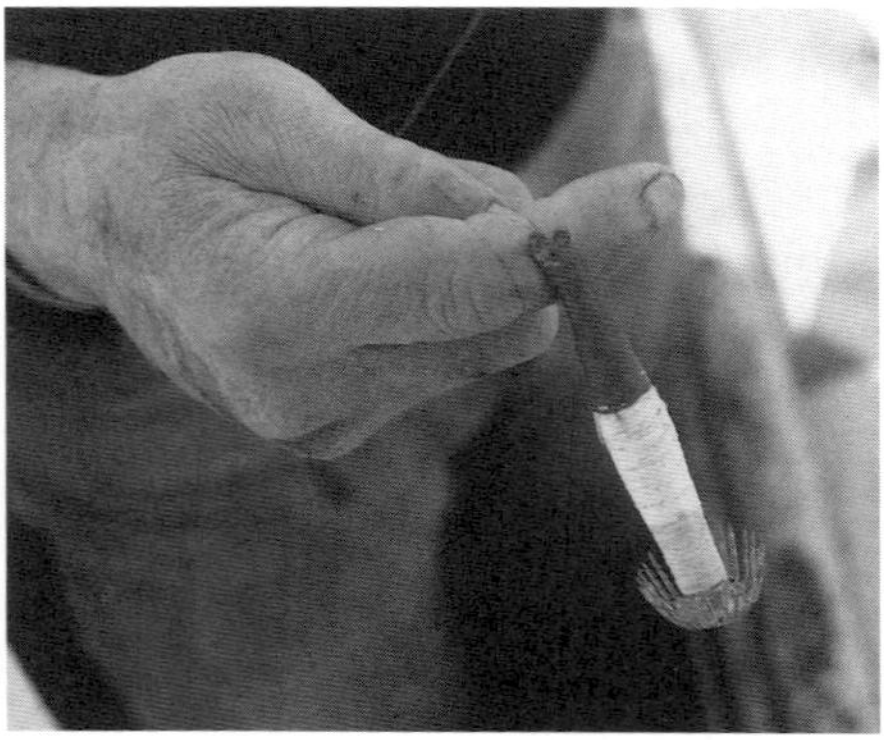

フランス　マルセイユのタコ手釣り

地中海もそうだが、漁業資源が貧弱なエーゲ海では、獲物が密集しておらずそれが効率的と考えられる。

　タコ壺漁では、イタリア・ギリシャ出土のタコ壺と報告されているが、私の調査した範囲ではそのような壺を知らない。ギリシャの紀元前一六〇〇～一四〇〇年に最盛期を迎えたクレタ、紀元前一四〇〇～一二〇〇年に栄えたミケーネ文化の祭祀用土器にタコが描かれているものも多い。それをマダコ壺と誤解したのではなかろうか。

　実際、海底に転がっているタコ壺ではないこれら古代の土器に、タコが入り込んでいる場合も見られる。

　フランスの地中海に面するマルセイユ付近では、土製タコ壺を使った漁の報告がある。マルセイユはそもそもギリシャの植民市マッサリアに起源をもっている。

　地中海地域では、アフリカ大陸側のチ

ユニジアのガーベス湾で見突き漁と共にタコ壺漁が行われているのが報告されている。ここでは、地中海地域の漁の主体である刺突漁の他にマダコ壺漁も盛んである。

獲ったタコは主として干しダコに加工し、ギリシャ、フランス、イタリアへ輸出し、漁民の貴重な現金収入に貢献している。

また、マダコ壺漁かはわからないが、ここのタコはエジプトのアレキサンドリアにも輸出されていたが、これは古代まで溯る事が知られる。チュニジアのタコ壺漁の起源がどこまで溯るか分からないが、古いとすると、マルセイユも含めてヨーロッパ側にもかつてマダコ壺漁が広く存在したのかもしれない。

それから地中海ではないが、大西洋に面したポルトガルではマダコ壺漁を確認できた。

リスボンの南にあるアラビダ半島の南岸、大西洋に面したセジンブラはポルトガルでも一、二位を争う漁獲高を誇る街で、タコ壺漁も行われている。マダコ壺は釉薬を掛けた陶器ではなく地元産の素焼きの壺を利用し、

ギリシャ　イドラ島の漁師

タコの描かれた祭祀用土器
（ギリシャ　アテネ国立考古学博物館）

ギリシャ　ピレウスの魚屋

イタリア　フィレンツェのタコ

口縁下に紐を通して同じように延縄のスタイルをとり沖合に仕掛けをしている。点々とだが、地中海側と大西洋側に漁が見られる。

その他に、タコ籠を使用する漁も地中海地域では行われている。

マルタでは中に餌としてサバを入れ、延縄状に幹縄を延ばして一五個ほど設置する。原理的にはタコ壺漁と同じスタイルである。

またフランス、イタリアでは、数個程度で海底に沈めて単独に設置をして仕掛け、中に入ったマダコを回収する。同じものが、太平洋側だがセジンブラでも見られる。

フランスの漁の本にも、マダコ壺を獲る道具としてはこのタコ籠が記載されており、イタリアのナポリにあるサンタ・ルチア港ではこの漁具を使用するタコ獲り漁師と会うことができ、調査する機会に恵まれた。

タコ籠はいわゆるトラップ式で、籠の中にエビ・カニなどの餌を入れ、それを目当てにタコが侵入すると、絶対に出られなくなるという構造をもつ。日本で河川などに棲息するヤマタロウガニの漁に用いるカニ籠も同じような形をしており、大形のネズミ獲りのようなものと考えたらいいだろう。住まいを提供するというよりも、罠なのだ。

地中海地域一帯では舟曳き網によっても漁獲される。フランスのマルセイユ辺りでは盛んだが、この漁の場合はタコだけを狙った漁ではなく、タコを多様な底ものの一つとして獲っている。

地中海ではヤスなどを使用する見突き漁、マダコ壺漁を含む潜函漁、それから網漁によって漁獲されている。アフリカの大西洋側・モーリタニア沖などの地で漁獲されているタコもこの漁によるものだが、これは地中海とは違ってタコ狙いの漁によるもので、瀬戸内海の例と同じよう専門性が高い。

イタリア、ナポリ　サンタルチア港

ポルトガル、タコ籠漁法モデル（セジンブラ市立博物館）

ナポリの漁師

タコ籠（セジンブラ市立博物館）

タコ籠（セジンブラ）

タコ籠（ナポリ　サンタルチア港）

ミクロネシア・メラネシア・ポリネシアの広い太平洋の地域では、釣り漁と見突き漁でタコの漁獲が行われ、タコ壺漁は認められない。

漁具として多様なのは、やはり日本列島の地域である。

個別的に見たならば、寒流に棲息するミズダコはタコ箱でしか漁をやらない。北方系のタコを漁獲するのは日本だけで、その他の地域は暖流系のタコしか狙ってはいない。日本でミズダコを漁獲するのは、列島に沿った地域において暖海製のタコであるマダコ、イイダコを獲る技術的伝統があることにより、その延長上で始めたのだろう。タコ漁が基本的には暖海地域の漁であるといえ、時代的にも暖海性のタコに比べて新しいと考えられる。

また、手釣り漁でも漁をおこなう暖海のタコだが、これによって遙かに大型の寒海のタコであるミズダコを獲ることは不可能ではないにしろ、一般的ではないと考えられる。

タコを獲る漁法は、釣漁のタコ曳きを含む手釣り漁、複数の鉤を仕掛ける延縄漁、ヤスなどを行使する見突き漁、同じく潜水漁、マダコ壺・イイダコ壺が含まれる陥穽漁など、日本はそのいずれも漁法として存在する多様な地域である。

日本列島周辺は寒流と暖流の両者が列島を中心にして巡っており、また、地形も細かい変化に満ちている複雑な環境であるから、それを活かした多種・多様な獲り方が発達したのではなかろうか。

第二章　タコに騙される——言葉と食

一　タコの特性

タコということでは、食べるタコだけではなく、凧に舞うタコ（凧）が知られている。同音の言葉であるが、この「タコ」は関東で使われていた言葉で、関西では「イカノボリ」（紙鳶）と言う。九州の長崎では「ハタ」とも呼ばれるが、これは凧にはためくからであろう。しかし、今日では一般的には関東方言である凧で通る。ちなみに中国伝来のものだ。

正月の風景として凧揚げはなじみのあるものだったが、発音の通り、イカ、タコというようにイカ、タコが水中を泳いでいる姿に似ているから名づけられたとも言われている。いずれも頭足類ではあるが、関東では「タコ」、関西では「イカ」と呼ぶのが文化的に分かれて面白い。

人がタコを獲るのも、まず食べるという食としての利用からであるが、タコは世界に住む人々にとっては、ナマコ、あるいはノリなどと共にずいぶん好みが分かれる筆頭の水産物であった。

最近の健康食ブームの結果、肉食に比べて低カロリーの魚を食べることが食が満ち足りた先進諸国に広がり、ヨーロッパ世界などでも重要視されるようになってきた。今日ではフィッシュレストランは高価でファッショナブルなものとして地位を得ており、繁盛している。日本食もその一つだし、鮨もその延長にしっかりと乗っかっている。

ただ、タコの場合は南ヨーロッパの国々を除いては、食としてなかなか浸透していなかった。

しかし、同じ頭足類のイカと共にタコは「タウリン」と呼ばれるアミノ酸を多く含んでいる。「タウリン」はコレステロールを低下させる、胆石予防に効果があることが知られて来ており、こうしたことから、世界的には今まで地域的にタコを食べる習慣は限られていたが、今後はあまり馴染みの無かった地域でタコ食が広がりを見せるかもしれない。

また、タコをヨーロッパ人は「悪魔の魚」と呼び、一般的には食さないとしばしば記述されることも多いのだが、これは正確ではない。このように地域全域、それもとても環境的に見ても違う地域を十把一絡げで短絡的に考えられると、文化も何もかも消し飛んでしまい、本質的なものが見えなくなるのではなかろうか。

ヨーロッパでも、地中海に面している南ヨーロッパの国々でタコを食べるのは「如何物食い（いかものぐい）」というのではなく、どちらかというと好んで食べるのだ。食べないのは、いわゆる北海に面している北ヨーロッパ、それから海を持たない中央ヨーロッパの国々であった。これは至極当然な話ではあろう。タコの存在自体が環境の中に無いので、姿形、行動からも奇異に見えてもしかたがないであろう。

しかし流通も発達し、流通と共に人も移動して急速に一体化の進んでいるヨーロッパのドイツ、オーストリア、イギリスなどの市場でも決してメジャーではないものの、タコが見られるようになってきた。

特に、一九八六年に起きたチェルノブイリ原子力発電所の事故以来、日本ものは絶対に見向きもしなかった味噌などを含め、ドイツでも浸透してきているようだ。

ドイツ南部のババリヤ州の都市ミュンヘンでも、魚屋さんの壁に貼ってあるポスターにタコがしっかりと載っていた。ただ、店頭にはフランス産と覚しきカキはあったが、実物のタコは残念なことに無かった。しかし、私が買い求めた市内の書店で販売されていたドイツ語の海鮮料理の本にも、少ないながらタコ料理が掲載されている。

タコはそのファジーなところが特徴の生き物だといっても過言ではないだろう。様々な事がそのファジーさから派生している。

先の南アフリカで開催されたサッカー・ワールドカップにおいて、ドイツの水族館で飼育されていたタコが勝者を予想するということで世界的に話題を広げていた。二〇一一年、当地で行われた女子のサッカー・ワールドカップでは日本の「なでしこジャパン」が優勝したが、そのときは二代目のタコが登場していた。北ヨーロッパのドイツでもタコに対する認識も少しは変わったのであろうか。ただし占いの領域に属するものなので、薄気味悪さという属性も付いてはいるようだ。

タコの姿を思い浮かべるとすると、良く考えるまでもなく、確かにタコは水界の中で暮らす生物の中でも一風変わった生き物であろう。日本では「海の忍者」とも呼ばれる。

海岸の漁師さん達に聞き取りをすると、タコを調べているということだけで、他の例えばブリ、タイ、マグロといった魚とは違う態度で接してくることがある。なにかしら滑稽性があるのだ。

水中で暮らすものなのに、何せ八本の足を持っており、水中から出しても地上を這いずりながらも足を使っ

ロンドン　ポートベローの魚屋（手前右端にタコ）

ドイツ　ミュンヘンの魚屋

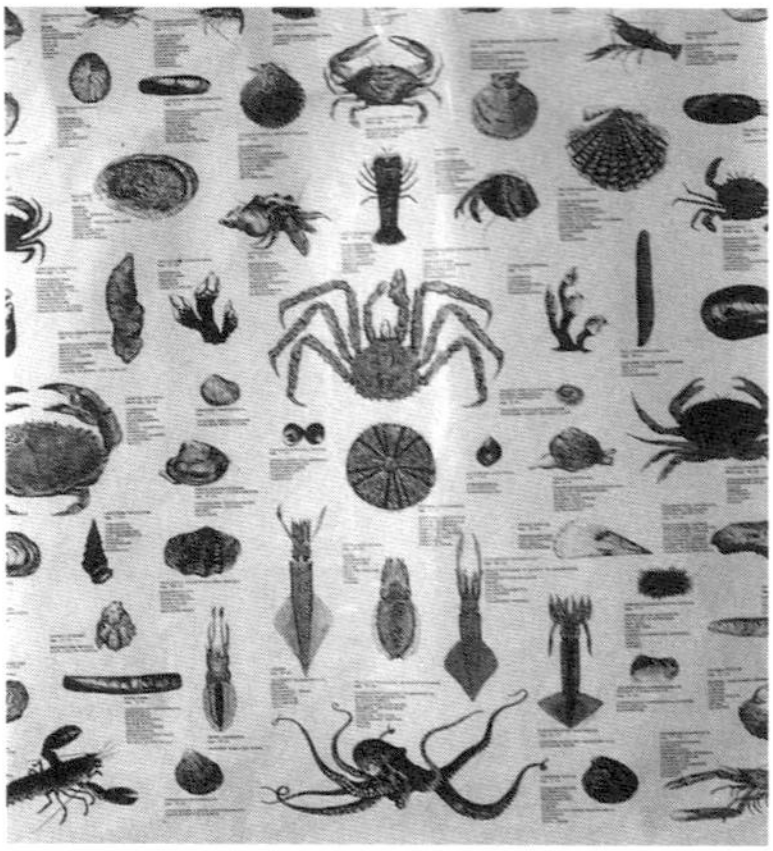

ドイツ　ミュンヘンの魚屋のポスター
（下中央にタコ）

て歩くことができ、実は本当は腹なのだが、上に頭があるように見え、その下にある呼吸をするためのロート管はまるで尖った口のようである。鉢巻きでもさせたら似合いそうだ。親父スタイルにも似ている。また、民間に広く行き渡っている「おかめ・ひょっとこ」の、「ひょっとこ」のようにも見えるのだ。

そして、その横にまるでアイシャドウをしているような、しっかりとして強いインパクトを持った目がある。何かしら腹に一物があるような目をしている。いろいろな姿が錯綜しているのだ。

こうしたタコは地上の生き物との共通性もあり、姿形から見ても人との共通性も強く考えられるのである。あくまでも水界の生物ではあるのだが、水界と陸界の世界の両者の特徴をもつ、そういう両方の世界にまたがることを両義性と呼び、人がやはり首を傾げる存在なのだ。つまり騙される存在なのだ。そういうものは個人、あるいは地域、また、世界に広がっている。人にとっても対応が異なり、文化的な共通性と差異が認められる。

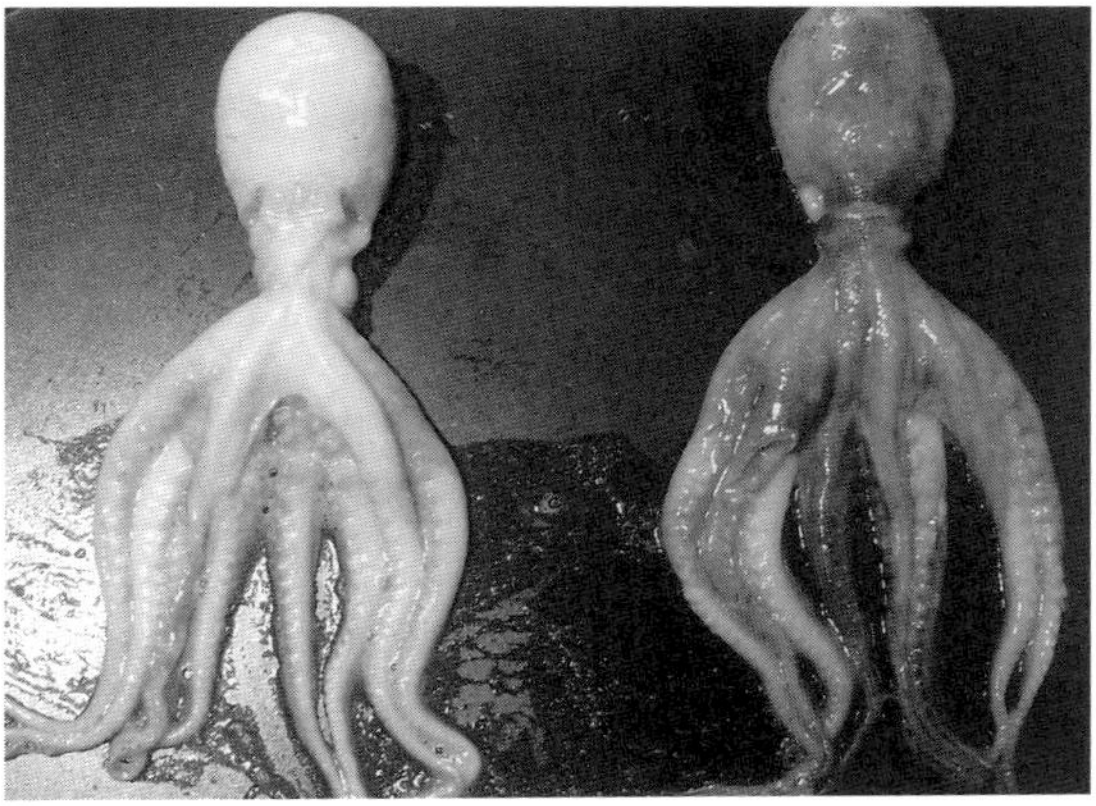

不思議な形をした生き物タコ

レストランのタコの看板（ギリシャ　エギナ島）

二　タコと言葉

タコとタコにまつわる言葉というのは、当然人との関わり方から生まれたもので、人の観察、意識がその背景にしっかりあり、共通性、類似性が見られる。

オクトーバー、十月とタコ

タコという言葉に関したものとして、まずタコと名付けられた命名の意味について考えてみたい。

漢字では、タコのことを「蛸」、「鮹」、「章魚」と書き表す。

この中でまず章魚は、胴体に付いている斑点が紋章のように見えるのでそう呼ばれるのだが、本来はそういう特徴を持ったタコであるイイダコのことを示す。

また、胴部の部分に斑点があり、紋章（紋様）に見えるところから「章魚」という当て字が生まれている。この字もしばしばタコと呼ばれ、タコ一般を指すのだが、本来章魚とはイイダコの事である。

それから、望潮魚という当て字も中国では使われているが、これは日本ではイイダコの事を指している。干潟でハサミを振って活躍するカニのシオマネキと同様に、潮を望むものと見られているのかもしれない。

有明海で獲れたイイダコは、一般に地元では海の特徴である潟を冠した「潟タコ」として市場に出荷されているのだが、これが望潮魚という意味に一番近いのかもしれない。潮を観測しているタコの姿を思い浮かべるだけで、何やら可笑しい。

鮹は中国で鞭に似ている二股をした魚ということで、この字で表し、日本では平安時代に魚編だけでなく、虫偏で蛸と書くようになった。

虫偏の蛸はクモのことも意味したという。木偏が付くと梢（こずえ）という字を表すように、樹木が分かれた枝を示す。足が特徴なのであろう。足が多い同じ水中の生物であるイカではなく、クモとタコを表すことは面白い。這いずるということの類似性であろうが、確かに形は似ている。

いずれにしても、日本人にとって、魚であったり虫であったりとタコはそういう世界の生き物なのだ。

日本と同様にタコ食いとして知られるギリシャでは、タコのことを「ポリュプース」、「多足のもの」と呼ぶが、英語ではタコのことを「オクトパス」と呼ぶ。オクトは古代ローマ人の言葉であったラテン語起源の言葉に由来する。ところで、オクトーバーとはカレンダーの一〇月のことをいうが、ラテン語では本来数字の八をさす言葉である。つまり八本の足を持った生き物がタコだということで、八腕目に分類される所以だ。ただし、かつてのヨーロッパ人の中には、近代においてもイカもタコも同じように見えてか、イカなのにタコの姿に描いているものも見られる。八本と十本の違いもさして意識の上では違いがなかったかもしれない。同じ頭足類に属するイカは十本の十腕目に属する。ところで、日本の北海道沖で獲れるタコイカはその両者の名が付くが、小さい頃は一〇本の文字通りイカだが、成長するにつれて、二本が失われて八本になることからタコイカの名を持つ。タコではなく、れっきとしたイカである。

確かにタコは八本というのが特徴の八本足の生き物なので、生物学的にしっかりと特徴を捉えていることになろう。

しかし、その数を示すオクトの八が、どうしてプラス二の一〇になってしまったのか。タコを示す数字のはずが、タコではなく同じ頭足類であるイカになってしまったのかというと、それは権力者のわがままからきたのだ。

実は一〇になったのは、中に二つの新たな月を無理矢理挿入した結果、ずれてしまい、本来の意味が失われた結果からおきたことだ。

というのは、古代ローマ時代のかのユリウス・カエサルは卓越した軍事能力もさることながら、『ガリア戦記』を書き著しているように、文人としても優れた人物だった。それまでの旧態依然としたローマを、帝国に相応しい制度に整備もしている。カエサルの暗殺によって頓挫したが、ローマを共和制から帝政へ移行させるというのもその一つであった。

また、「ユリウス暦」として知られるように、一年一二ヵ月の中でそれまで名無しの月もあったカレンダーの整備を実行する。オリンピックの開催される四年に一回の閏年を設け、自分の名を付けた月を七月とした。

ジュライは、即ち本人ユリウスのことを意味している。月を自分の名にするとは巧妙で、お金と同様、日常生活に密着するものだから、常に意識せざるを得ないものだ。いやが上にも権威が増す。

そして彼の養子であるオクタヴィアヌスは、初代ローマ皇帝アウグストゥスとなった人物だ。クレオパトラの支配下のエジプトも手に入れ、皇帝制度を目指した父親の念願を実行した。このアウグストゥスの名を付けたのがアウガスト、つまり八月であった。七月、八月とこの二人の親子の名が続いている。

これが、八から一〇となった次第で、数字がずれてしまった。ついでになぜ七、八が続いて三一日になったかというと、これまたアウグストゥスが、父親のカエサルに負けまいとして同じ数にした結果である。七月は三一日あるので、次の月は三〇日なのだが、一つ少ない三〇にはしたくなかったのであろう。

けっこう権力者は自分勝手なのだ。権力者のわがままからきたものだ。足の数から見てみれば、タコがイカになってしまうという、理屈に合わなくしたのは政治の力なりということになろう。

政治の力の前では、論理も道理も引っ込まざるをえなくなってしまう。これは世界共通であろう。

ヨイトマケのタコ

建設工事もすっかり大規模化と機械化が進み、大形の杭打ち機が活躍する昨今の現場ではみることも無くなったが、かつて「タコ」と呼ばれる道具が活躍していた。

タコとは土を突き堅め、杭を打ち込むのに使用する道具であり、かつて土木工事などで使われていたもので、川岸などの護岸工事などで登場し、私が子供の頃は良く見かけたものだった。「ヨイトマケ」としても知られる。かつて土建業であった私の家にも、これが置いてあった。

年輩の方なら、長崎出身の美人歌手美輪明宏が『ヨイトマケの歌』を歌っていたのをご存じであろう。シャンソン歌手としても知られている彼の顔と歌の内容があまりにもかけ離れているのが、何やら不思議なアンバランスでミスマッチであったのだが、そこが不思議な魅力でもあった。

しかし、本来は呟きであるから、そもそもそのようなものというのが本当かもしれない。「ヨイトマケ」も今では機械に取って代わられ、これを見ることもなくなった。

「タコ」は中心部にカシの木などの硬い木材を使い、それから紐を何本か伸ばしてこの先に人がそれぞれつき、掛け声と共に振り下ろして土を固めた。その他に、杭を打ち込むものは紐ではなく木であった。

いずれにしてもこの道具を掛け声と共に振り下ろすが、私の郷里ではこの掛け声は「ヨイヤーセ、ヨイヤーセ」であった。中心部の槌である木製の部分から、紐が八方に伸びた姿がタコに似ていることから名づけられたものだ。

「持ってこいや」という指図の声に始まり、これが聞こえると、老いも若きも集まって子供達を含めてギャラリーがとても多かった。働く人々が力を合わせて一つの作業をし、かつ目立つ土木工事の華、ハレの舞台であったのだろう。

タコの脚との類似

蛸足とはタコの足のように、一カ所からいくつもの線が分かれて出ていることで、最も良く使われる言葉は「蛸足配線」であろうか。

電気の配線で一つのコンセントに何本も突っ込んで接続したものを言う。これも形からきたものだ。熱を持って発火する危険性があるもので、「蛸足にしたらダメだ」ということで、これはマイナスイメージの使われ方だ。

また最近はあまり聞かなくなったが、蛸足には、例えば飛行機に乗り降りするときに使用するターミナルから延びた通路のこともいう。飛行機のドアに繋げられ、機内からそのまま移動でき、タラップのように風雨に晒されることもない便利なものだが、それでも飛行機に乗る気分が損なわれるといった不満も聞こえていた。これもその形から名づけられたものであろう。

植物に蛸の木と呼ばれるものがある。タコノキ科の常緑高木で、高さ九ｍに達し、幹の下の方に多数の支柱根を持っている。

タコノキは力強くしっかりと地面に根を張った姿が、タコに似ていることから名づけられた木である。

それから日本語ではないが、そのものズバリの「オクトパス」と言うものがある。ただし、これは生物ではなく、遊園地で見られるものだ。どういうものかと言うと、乗った方は多いと思われるが、中心部から水平にゴンドラが出て上下に動きながら、回転する遊戯施設である。これも、中心部からゴンドラを付けている棒がタコの脚のように見えることからタコと名づけられたものだ。

タコが頭に付く言葉は、タコとは違うものの、比べたら分かるようにタコと形が似ていることから名づけられたもので、本来の生き物であるタコのことを指すものではないのが特徴だ。

ただし、私が考えたら同じようなものだと思うが、そう呼ばれないものもある。今日私たちの生活の身の回りには多くの電子機器があるが、その頭脳であるＩＣチップも何やら似ていると思うのだが、これにはタコは付かない。

時代を走る最先端の電子機器には、ユーモラス性は必要ではないのだろうかというより、何やら虫、あるいはウィルスにも近い感じがする。

ＩＣという言葉が出たが、現代社会でなくてはなくてはならないものがインターネットであろう。現代社会が「インターネット社会」とも言われる所以だ。端末さえあれば、世界中の情報が入手できる。

それに猛威を与えるのが病原菌に例えられるウィルスの存在だ。ウィルスは様々なものがあるが、それに「タコウィルス」なるものが知られている。これにパソコンが感染したならば、画面上にタコが一杯出てくる。

そのタコは日本の伝統的なスタイルを取っているが、厄介な代物だ。

タコの習性との類似

会社が配当できるだけの利益がないのに、資産などを処分するなどして配当することを「蛸配」と呼ぶ。蛸配は経済に関したもので、近代以後のものと思われるが、「タコは身を食う」という言葉が同様のことを意味している。

タコが自らの足を食べるという事からきたもののようだが、実際にそうしたことが起こる場合も知られている。しかし、これは水族館の水槽のような狭い所に閉じこめられてしまう飼育下によって起こるノイローゼ現象のようだ。当たり前だが、ふつうの状態ではけっして自分で足を食べることはない。

足の切れたタコは自然界でもけっこう多く見かけるのであるが、これは自分で足を食べたのではなく、天敵のウツボによって噛み切られたものが多いようだ。命を失うことはないが、事故の結果のものだ。ただし、タコのために弁明するならば、タコはトカゲの尻尾のように、足はたとえちぎれて無くなっても再生できるもので、けっして蛸配のような不名誉なものではない。再生・復活が可能な優れものだ。だけど、けっして正当的な行為ではないかもしれないが、それでも会社が必死なって蛸配までやって配当するというのは、とんでもない企業が現れ世知辛さが極みとなった今日では、昔話のようである。

蛸部屋はかつて北海道にあった労働者の賃金の上前をはねたり、暴力をふるったりして虐待した飯場のことを言う。

蛸部屋は、同じ水界の生物の「ウナギの寝床」が間口が狭くて細い部屋をいうように、狭く押し込められた部屋のこともいう。中に入ってしまうと、抜けることができないタコ壺から生まれた言葉だという。自ら安住しているウナギより、高圧的に押し込められた違いはある。

ここで出す蛸壺は戦時に使われた対戦車戦に用いたタテに深く掘った一人用の濠の俗称を指す。

蛸壺はタコの入るタコ壺と違い、悲惨な戦車戦用に陸上に掘った狭い濠である。兵士は濠に入り、戦車を待ち受けて戦った。漁で使うタコ壺も、タコが中に入ったら抜けられないという人とタコの違いはあるにせよ、悲惨さの共通性はある。江戸時代の芭蕉が詠んだ「蛸壺やはかなき夢を夏の月」という俳句が浮かび上がる。

タコを洗うとは、何回も何回も繰り返すことをいう。タコはそのままでは粘液があって粘るので、塩を付けてしっかりと丹念に洗わなければ、粘りを取ってしまうことはできない。そんなことから名づけられた言葉である。

茹で蛸は茹で上がって赤くなったタコ、あるいは人が風呂や酒を飲んだ後などに赤くなった状態で、茹でたタコが赤くなることからの類似性で、酒を飲んで真っ赤になった人などに「茹で蛸のようだ」というような使い方をする。

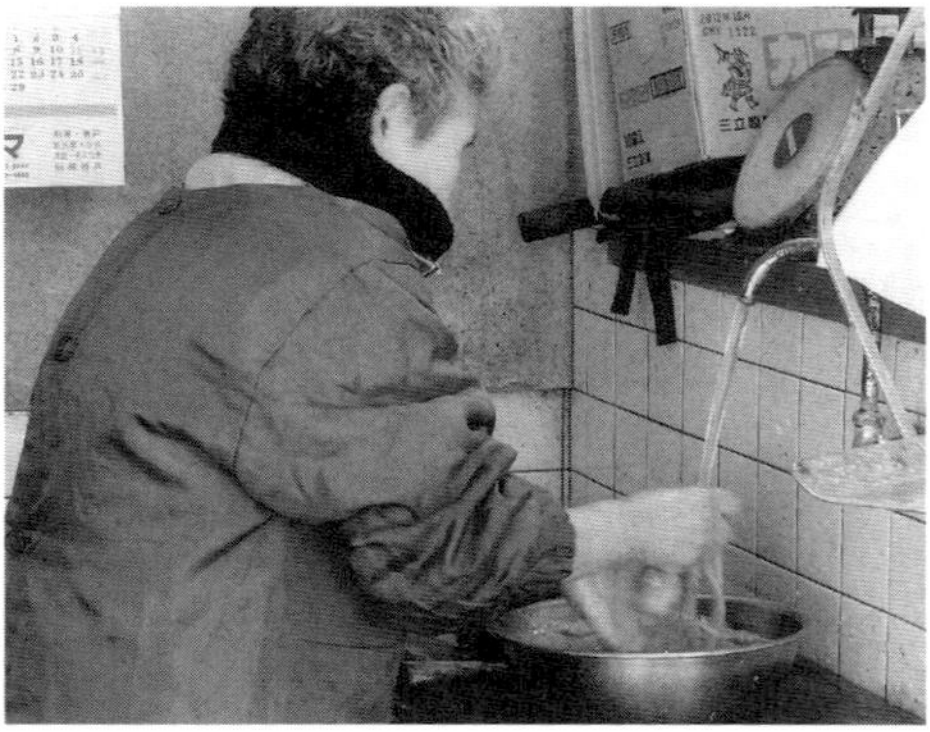

タコを洗う

確かに酔っぱらって口角泡を飛ばし、テカテカに血色が良くなっている人はタコに似ている。

蛸入道とは坊主頭の人（タコ坊主）のことを言うが、蛸入道も坊主を含め頭がツルツルの人のことを差し、これまた、酒を飲んだらより似るのは事実であろう。

隠語としてのタコを見ると、日本ではタコとは「好色な女」のことをもっぱらさすようだ。男性は茶化しの対象にはなるものの、隠語としては登場しない。

これはフランスの北部ノルマンディ地方でもやはり同じで、男性の力を吸い取る強欲な女人のことを意味している。また、ヨーロッパの北部では有害なもの、醜いものなどの意味にもタコが使われる。

タコが絡み付いて吸い尽くすという理解なのだろう。

同じ隠語ではあるが、ギリシャでは「骨なし」のことをタコとも呼ぶ。タコには確かに骨がない。吸いつくということでは、下世話な話であるが、娘を集めて遊女屋に売る斡旋業であった女衒は、アカガイとタコの風味がある娘を評価したという。どうしてか、これは皆様で考えてください。

頭をツルツルに剃った坊主もタコと形から結びつく話が多いが、仏教用具である天蓋も隠語としてタコと呼ばれている。

意外に隠語も多いのだ。

道具としてのタコ

獲物としてのタコではなく、漁師が使う道具に「タコ」というものがある。これは何かというと、ブリ釣り用の擬似餌のことである。「ボンボン曳き漁」とも呼ばれるが、舟で曳く曳き延縄漁である。この餌としてその名の通り、タコの形をした塩化ビニール製の擬似餌を使う。

また、同じ釣り漁だが、釣り糸を一本だけ用いて舟で曳く「タコ一本曳き」という漁もあるが、これまた同じで、タコは漁の対象となる獲物ではなく擬似餌を指している。

この擬似餌も生物学的なタコではなく、腹部が頭となって目が二つ、ただし足は八本ではなく、若干多いようだ。「タコ」というのだが、イカとタコの判別もあまりはっきりはしない。

漁によって大きさの使い分けをするが、どうしてタコと呼ぶのか、延縄漁の餌としてイイダコを使用する例が多いことから、肉食魚であるブリに対してもかつては本物を使ったことも考えられるが、今日では不明である。

ところで、漁師は海中にいるタコのことを「タコが湧く」というような言い方をする。これは全国的に共通性をもっている。

その年タコが沢山獲れることを、九州弁で言えば「今年はよけタコが湧いた」となるが、これは全国的なようだ。タコは海中からどうも湧くもののようだ。

三 タコを食べる

タコを使った料理の素材となるタコは、今日では国内ものはほんの僅かで、遠くモーリタニア、モロッコなどから輸入された冷凍ダコも多い。少し柔らかいのだが、意外にも歯ごたえのある国内ものを嫌う人も多いと聞く。

さて、タコを食べると言ったら、まず真っ先に思い浮かぶのが刺身ではなかろうか。

日本人と刺身は切っても切れない関係にあるようで、日本料理を代表する料理法であろうし、世界でもそう考えられている。

しかしタコだけではなく、そもそも生の刺身を食べるという食習慣は、海岸に面した漁村のような一部の地域を除けば、一般的ではなかった。広く食べるようになったのは流通システム、冷凍設備が整った近代も近代、第二次大戦の敗戦後のことであった。それまでは獲れた魚は干し魚、塩魚に加工されて海から遠く離れた内陸に運ばれていた。生ものは無縁だった。

ただ、「ワニ」と呼ばれる魚のサメは、体内に持つアンモニアのため腐敗が進みにくいという特性から、流通体制が今ほどではなかった時代には貴重であった。海からほど遠い中国地方の山間部では「ワニ料理」が知られている。

同様に干し物であったタラの内蔵を干したものを「タラサオ」と呼ぶが、これを正月に使うという大分県日田市も内陸だ。

寒海性のミズダコは主に酢の物として利用され、九州の内陸熊本県球磨川流域の人吉ではミズダコを正月などに食べるという習慣があるが、西日本で主に食用になるのは暖海性のイイダコとマダコ、それにテナガダコである。

また、タコも酢だこを食べる地方が海岸部ではなく内陸に意外と存在するのは、保存食としての魚介利用という古い習慣を残しているのかもしれない。

いずれにしても、加工食品は保存のためというのが第一義的である。保存に耐える水産物を重要視していた。

刺身

タコを使った料理としては、日本では新鮮さを誇る一般の魚を刺身にして食べるように、タコでもやはり生でということになろう。料亭言葉で言えば、「お造り」だ。

それでタコを料理する際は、これは刺身に限ってのことではないが、まず脚先を切り落とす。これはとくに脚の長いテナガダコの場合、雑菌によって毒を持つことが知られるので、切り落とした方が良い。しかし、他のタコでは別段問題ないようだが、食べるとき確かに喉に引っかかったりして邪魔になることもあり、あるいはテナガダコの例もあって切り落としているのであろう。

ところで「魚の活け作り」というのは、新鮮な魚料理が売りの大抵の魚を扱う料理店にあるように一般的だが、タコの場合はそこまでは一般的ではない。イカの活け作りは私の住んでいる九州では名物料理でもあり、内臓を傷つけず、胴体だけ薄く切って載せて、色は刻々と変化し足は動く。

これと違ってタコは「タコの活け作り」と言っても、タコのヌメリを取って足だけを切って食べるというやり方が一般的だ。足だけは少し動くが、その他の部分は付いていない。当たり前だが、活け作りではタコは下手をすると言ってしまうということになりかねない。これは極めてグロテスクな部類に入るだろう。やはり、ナマの場合は「お造り」には相応しくないようだ。

タコは言葉にもあるように、処理がとても大事で、ヌメリを取るためにもそれこそ丹念に洗わないといけない。墨袋を取り、塩をまぶして擂り鉢の中などでしっかりと揉む。とくに、吸盤の中はしっかりと揉まないと中々ヌメリがとれない。そして皮を取り除いてぶつ切りにし、梅酢を加えた醤油に漬けて食べる。すると、博多の春の名物である「シロウオの踊り食い」とはまた違って、喉に吸いつく感じがして通人でなくてもなかなか堪えられない食感ではある。

岡山県の下津井名物のタコ刺しは、活きたマダコを俎板の上に乗せ、吸盤で吸いつかせておいて一気に皮を剥いでしまう。そして内皮も剥いで包丁で薄くスライスをする。このように料理したタコを、吸盤をいくつかディスプレイしてツマとした大根と共に盛りつける。後は普通の刺身と同じだ。

マダコの刺身

テナガダコの生ぶつ切り刺身

このようなタコの活け作り、あるいは刺身にして味わうのはもっぱら大きめのマダコを用いるのだが、お隣りの韓国では「ナクチ」と呼ぶテナガダコを使ったもっと乱暴でアバウトな食べ方が知られている。

それはテナガダコをそのままざっとぶった切ったものをそのまま口に入れるという、それこそ「タコの躍り食い」と呼ぶべき食べ方で、済州島、あるいは釜山周辺では割とポピュラーな食べ方である。

もちろんテナガダコは生きているわけだから、なんという壮絶な食べ方であろうか。

福岡の名物として知られる「シラウオの躍り食い」とは違い、タコは口に入れたら食べられては大変だと暴れまくって喉に吸いついてしまうこともあるようだ。年に数回はこんな事が起きて呼吸困難になり、死亡する人もでるという。

このような食べ方は通常の食というよりは、精力が付くからという意味で食べられているようだ。いわゆる「精力剤」として重宝されている。活け作りの極みのようなもので、通常と同じ食べ方をするのでは意味が無いのであろうが、それにしても何とも凄まじい食べ方である。

ポリネシアでは、家庭で作る料理として醬油と刺身ではないが、荒っぽくブツ切りにしたタコにレモンやビネガーをかけ、塩胡椒を振った「ポケ」という料理がある。最近はこのポケもレストラン風になってきている。この料理も生食の範疇には入っているが、他の魚は生のブツ切りを使って同じようにするが、タコはやはり湯がいたタコを使い、ヨーロッパのマリネ的である。

湯引き

生のタコ料理はやはり一般的ではないようで、ふつうはタコの刺身といったら家庭では「茹でダコ」と呼ぶ湯引きしたタコを利用する。また他に料理に使うにしても、タコは基本的に茹でたタコを使うのがふつうだ。タコは茹でても皮が剥がれないのが、新鮮な証拠でもある。

また、家庭だけでなく、皮を剥いで処理した吸盤の付いた生のタコを使うことはあるものの、お鮨のネタになるタコも湯引きしたものを使うことも多い。鮨ネタはマダコが多いが、ミズダコも使用する。

先日、「北海道の地ダコ」という触れ込みの「ヤナギダコ」の刺身を食べた。ヤナギダコはミズダコと同様に、寒海性のタコで、ミズダコの分布と重なるが、ミズダコと比較すると脚はやや短い。北海道ではわりとポピュラーなタコとして知られる。西日本では馴染みがないかもしれないが、けっこうな水揚げ量がある。ミズダコより身がやや固いのも特徴である。湯引きしたものを薄くスライスしてやはり刺身で食する。ただし醤油とワサビではなく、ポン酢で食べる。マダコに比較するとても薄いのが特徴であるが、シコシコとした歯触りをもつマダコに比べるとあまり噛みごたえはない。

ふつう一般に利用するタコはマダコで、マダコは湯引きすると鮮やかで綺麗な赤色に変化する。まさに茹ダコの名の通りだ。ただし、長く煮すぎたり、あまり熱い湯で煮てしまっては皮が剥がれてしまいダメなので、さっと文字通り湯引きすることが大切である。手際よくやらなければいけない。

ちなみに、ミズダコは湯引きしても、あるいは煮てもけっしてマダコのように赤くなることはない。あまりにも赤いのは着色した証しである。

湯引きしたタコは薄く切って鮨ネタになる他、梅酢を加えた醤油、あるいはワサビ醤油、酢味噌で食べる。もう少し日本風のものとしては酢味噌和えにも使われる。

タコの身は白身であり筋肉質で歯に絡み合い、シコシコとした噛みごたえがあって甘くてとても美味しい。マダコは刺身醤油の他酢味噌、テナガダコは酢味噌で食されるのが一般的だ。

江戸時代の珍味を集めた『料理山海郷』には『蛸氷煮』なるものの記載がある。この料理は湯引きした蛸をそのまま外に出して凍らせ、翌日にそれを切って醤油につけて食べるという。高野豆腐のタコバージョンのようだ。

九州の長崎県では「蒸しダコ」なるものがあるが、これはスチームボイルしたもので、茹でダコの変型である。

湯引きしたマダコ

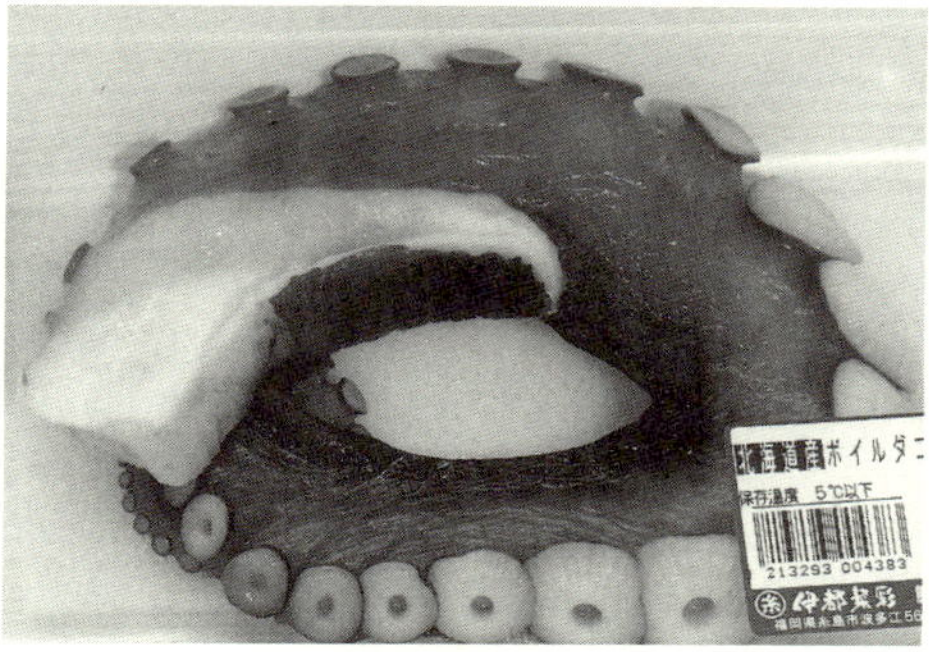

ボイルしたミズダコ

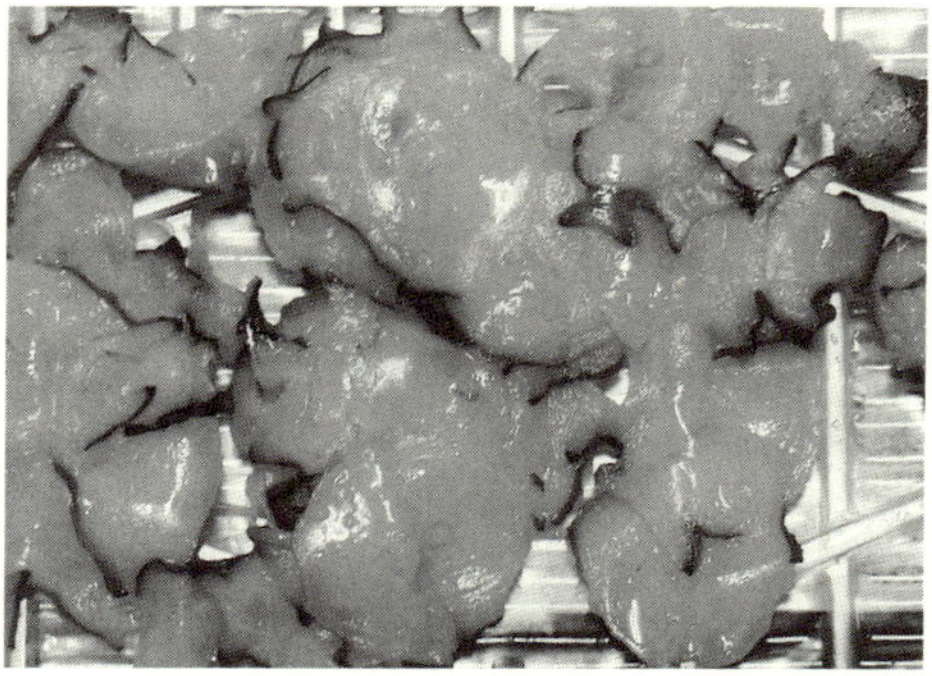

湯引きしたヤナギダコ

これらのタコは足と頭部を利用するものだが、「志津川タコ」というブランド名で知られる、宮城県本吉郡三陸町志津川の一帯では、タコの内蔵を「フガ」と呼び、茹で上げたものを刺身醤油で食べる。水揚げされるご当地でしか食することができない逸品であろう。

ギリシャではこの湯引きしたタコをブツ切りにし、その上にベイリーフ、オレガノなどを散らし、そして上からタップリとオリーブ油をかけたものがしばしば出る。もちろん、大胆にブツ切りにしたものだけでなく、これを薄くスライスして食べる「ギリシャ風タコサラダ」という凝った一品もある。こちらは湯引きは湯引きでも、ワインなどを入れて煮たタコを冷やして、スライスしてサラダにする。

茹でたタコを薄くスライスして塩、オリーブオイル、そして上にタップリのパプリカをかけた「プルポ・ガエーゴ」、つまり「ガリシア風タコ」はポルトガルの北に位置するスペイン・ガリシア地方の名物料理だ。事の真相はハテナであるが、パプリカを真っ赤にかけたことから、日本の酢だこが真っ赤に染めてあるのではな

バルセロナのスーパーマーケットに並んだタコの品々

バルセロナ　ジョセッペ市場の魚屋（中央にタコ）

バルセロナ　プルボ・ガエーゴ

かろうかということを何かの本で読んだことがある。

私は、そこから遙かに離れた、地中海に面したカタルーニャの州都バルセロナのジョセッペ市場内にある店で食したが、単純だがシコシコした身にパプリカが効いて中々のお味だった。新鮮なものはシンプルな料理が一番である。

私がカウンターに腰掛けて食べているとき、たまたま後にやってきて同席したギリシャ人のカップルも私が食べているのを見て、私のものを指さしながら早速注文をしていた。言葉が分からないときは、他人が食べているものを指さしたら良い。これが一番だ。目があってニンマリとして、会話が弾み、まさにタコが結んだ縁であろう。ギリシャ人とタコは関係が深い。同じタコ食いの民族なのであろう。

スペインでは「タパス」と呼ぶ小皿に載った前菜料理が知られるが、タコも多い。これをつまみに一杯ワインをひっかけている客がバルには多い。隣国ポルトガルでも同じである。オリーブ、あるいは血詰めのソーセージであるチョリッソと同様にタコは前菜には無くてはならないもののようだ。

漁師風サラダ（ナポリ）

タコの入ったサラダ（リスボン　リベイラ市場）

なます

ギリシャではタコの他エビ、トマト、キュウリなどと一緒にしてワインビネガー、オリーブ油をかけた海鮮サラダも知られる。精製品ではないやや黄色味を帯びた緑色のオリーブがたっぷりと掛かり、タコの赤の色との対比がとても鮮やかで食欲をそそられる。いわゆるマリネだ。この料理は、日本では差しずめ「なます」ということになろうか。

同じようなものはスペイン、ポルトガルなどでも見られる。

最近では、本来食していなかったイギリス辺りでも、ロンドン市内のフリーマーケット、アンティーク市として知られるポートベローマーケットの青空市、店を構えたスーパーマーケットなどでも売っており、あるいは空港のシーフードバーで出てくる海鮮サラダに入っているなどポピュラーになってきた。

光溢れ、タコを食べていた地中海文化とはほど遠い北の地でも、次第に国際化の波を受けているのかもしれない。

もちろんこのようなサラダは、現地に行かないと食べられないことはない。外国ものを直ぐに消化して自分の文化にしてしまう日本のこと、私の住んでいる九州の一地方都市にも波が押し寄せ、瀬戸内のマダコを使ったというキャッチフレーズと共にサラダがデパ地下の総菜コーナーにも並んでいる。

九州では家庭の食卓に「南蛮漬け」が出ることがけっこう多い。これは小形の魚を三杯酢にタマネギ、ニンジンのスライスと共に漬けたものだが、名前のようにこれは地中海世界のマリネの変型だ。

マダコのペペロンチーネ

マダコのサラダ

「南蛮漬け」は別として、酢に漬け込むものが日本起源かあるいは戦国時代に日本に伝わったものかは分からないが、いずれにしても興味ある料理である。

本来湯引きに入れてもよいが、湯引きしたタコを薄く切ってキュウリ、大根を繊切りにしたものと一緒にし、醤油、酢であえて作る。「タコのなますは田植え疲れをとってくれる」と、とくに関西の農家では喜んで食べたようである。

タコ料理で知られる岡山県の下津井では、タコの吸盤だけを使った「イボ酢」が知られている。

ところで、最近の食の供給では輸入ものが圧倒的であり、日本食の分野でも輸入物なしにはもはや成り立たない。

これはタコも例外ではない。今日では店頭で販売されているタコの実に八〇％以上が輸入ものなのである。遠くアフリカのモーリタニア沖からやってくるものも多い。逆に国内産のものを見ることが圧倒的に少ないのだ。ただし、これらのタコは冷凍物として、茹でて刺身にしたり、やはり酢ダコなどに加工されることが多い。

また、日本近海で獲れるミズダコもそのまま食べるというより、やはり酢ダコに加工されることが多く、遠隔地の内陸部まで運ばれている。

人吉地方では、このミズダコの酢ダコが正月料理には欠かせないが、東日本でも同様に正月に酢ダコを食する習慣がある。

いずれにしても着色しており、ややえぐい赤色をしている。これは正確には酢漬けであろうが、一般には酢ダコで通用しているようだ。

先日、東京の上野駅のコンコースを歩いていたら、酢ダコの足を薄く切ったものに串を通して「串酢ダコ」と呼んで酒の肴として販売していた。愛媛県の松山市で製造されているようだ。このような加工品もある。

一般に東日本の人は、タコと言えば酢ダコをイメージする人が多く、酒の肴としても正月には欠かせないものだ。

干す

瀬戸内海に面する兵庫県の播州地方では大根を切り、それに切り目を入れて干す。それを「タコ干し大根」と呼ぶ。いわゆる切り干し大根の一つなのだが、その形からタコをイメージして名づけられたものだ。同じようなものは京都府の日本海側丹波地方にも見られる。食べるときは茹でて戻し、豆腐の揚げなどと一緒に醤油で炊いている。

こんな話を別にすると、タコの加工品で私たちに馴染みがあるのは干したもの、いわゆる「干しダコ」であろう。

干しダコにするには、まず獲ったタコは洗わずに頭と足に一本ずつ竹を横に通して下げ、天日に干す。ちょうど「奴さん」のような格好になる。干す日は天気の良い日を選び、一日で出来上がる。

タコを獲っている漁村ではお馴染みの風景である。九州では、「タコ街道」として知られる長崎県の雲仙岳が対岸に見える熊本県天草の天草市有明町赤崎から五和町(いつわまち)鬼池一帯の地域では、干しタコ作りが今も盛んである。地元のお店でも、お土産用として干しタコを販売している。

ここの岩壁、あるいは道路沿いにヨコに串を入れられ、竿に下げられて汐風に吹かれながらユラユラとしている姿はとてもユーモラスで、干している姿はそのまま空中に舞う凧のようでもある。

とくに鬼池の港では、一匹、二匹が下がっているようなものではなく、岩壁に、あるいは五段、ないし四段に分かれた多くの干し竿に一二〜一五匹くらいの大小入り交じった大量のタコがズラッと下がっており、中々壮観である。九州の漁師が言う「タコが湧く」という表現もピッタリだ。

それから岩壁には、私が訪れたときなど、ざっと数えただけでも四〇〇匹以上にもなる多くのタコを貼り付けてそのまま干しており、その姿は海の生き物のタコというより、確かにクモにも似ている。

また、干しタコは漢字で「乾蛸」と書かれ、文献の上からも平安時代に編纂された『延喜式』に記載されているように古いものである。その他に「楚割り」と記載もあって、これは干したものを短冊状にスルメのように加工したものだ。ちなみに讃岐、隠岐、肥後の国から乾鮹の記載があって、献上していたことが知られる。肥後は天草産のものであろうが、それを含めてこれらの地域は、今日でもタコの産地である。

この干しダコは元来保存食として考案されたものであるが、この干しタコの姿は日本以外のタコ食用圏でもまったく同じで、人の発想には民族、地域は違っていても共通なものを感じる。

ギリシャのエーゲ海に浮かぶミコノス島は、ファッショナブルな島としても知られるが、タコを干した風景は、風車と共にこの島の風物詩で絵はがきなどにもしばしば登場している。また、他の島でもこのようなタコの干し姿が知られる。

太平洋の島々でも同様に作っており、

干しダコを売る店（天草市鬼池）

タコを干す（天草市鬼池）

台湾緑島のタコ干し

日本近くでは台湾東海岸の洋上に位置している緑島でも風に吹かれてタコがぶら下がっていたし、台湾の対岸の中国大陸の海に面している福建省でも同様にタコがぶら下がっている。

　このような干しダコは、そのまま焼いて食べるほか様々なものに使用されている。ただ日本の場合は、干し物は同じ頭足類であるイカは、「スルメ」という言葉として広く知られ、また平安時代に編纂された延喜式にも記載されているように、古くから加工され商品化されていたが、タコは基本的に広く流通を伴ったものとしてではなく、漁師の保存食として利用されていたようだ。

　自給用で商品として出されることはあまりなく、漁師仲間で一杯やりながら、熾火に入れたり、あるいは炙りながら食べることが多かった。人間関係の潤滑剤として一役かっていたようだ。

塩辛

　塩辛は『延喜式』にも記載されている伝統的な保存食として、古くから知られているもので、アユの内臓の塩辛であるウルカは特産品であったようだ。これらの品々は食べたことがある人も多いだろう。塩辛は魚だけに留まらず、イノシシも塩辛にしたようだ。

　今日では、塩辛にする素材としてはイカ、カツオなどが一般的によく知られていようが、タコも塩辛に利用する。作り方は他の塩辛と同様で、壺に塩を振ったタコを入れてアミノ酸によって分解発酵させて作る。

　発酵食品は人によって好き嫌いが著しい代表的なものだが、左党だけではなく好きな人にとっては堪えられ

塩辛

塩辛

ないものだ。

タコの産地でもある瀬戸内海沿いを走る広島県三原近くの山陽道のサービスエリアでも、瓶詰めにされたこのタコの塩辛が売店で販売されていた。この辺りではポピュラーなもののようである。

また同じように塩辛だが、「タコづくし」という名で「タコ明太」、「タコワサビ」と共に「タコ塩辛」が三点セットで販売されていた。九州の佐賀県唐津市でも製造され、同じように「イカづくし」と並べて九州道のサービスエリアで名産品のコーナーで販売されているのを目にしたし、天草の店にもあった。塩辛を除けば他の品は新しく考案されたものであろう。

保存食としては、韓国の名物の漬け物キムチにもタコを入れたものが知られているし、そのものずばりの「タコキムチ」もある。

煮つけ

煮つけというのは、醤油で炊いて味付けしたものだ。タコを食べる習慣のあるヨーロッパにはこのような料理はない。しいて上げれば煮込み料理が起源のスープになるだろうか。となると、イタリアではトマトスープの中に切ったタコを入れて食べる。

さて煮つけは、日本では最も一般的な料理法であろう。

小形のタコであるイイダコは俗に「一口ダコ」とも呼ぶが、醤油に砂糖、味醂をいれて墨を出さずにそのまま煮ることが多い。墨が入っている方が味は出るようだ。出来上がったイイダコは本当に一口で食べられる大きさになっている。

またテナガダコも同じように料理するが、イイダコと比較するとやや柔らかめに仕上がるのも特徴だ。

有明海に面している筑後では、正月料理を含め地元の仕出し屋の料理などにも、一品として必ず入っているほどポピュラーなものだ。姿煮として料理されると、なかなかユーモラスである。

季節によっては頭にはびっしりと米粒状の卵が入り、いかにも炊きたての光ったご飯のようだ。それがイイダコといわれる所以だ。食べても、栗とご飯の間の味がする。お腹に堪る。

卵が一杯に詰まったイイダコはホクホクしていてとても美味しい。ちなみにお隣り中国でも、イイダコは漢字で飯蛸（ファンシャオ）で日本と同じように考えている。

イイダコの卵

確かにイイダコの卵はホクホクして良く炊きあがったご飯のようで、まさにイイダコの名に値する。もちろん、これはメスに限る。「子持ちシシャモ」と同じように、オスには当たり前だが卵の「イイ」は残念ながら入っていない。

しかし、いかに美味しいからといって、卵を一緒に食べてしまうわけだから、だんだん少なくなるのが当たり前である。将来増えるべき資源となるものを、卵の段階で人が横取りして食べるわけだから、こんな罪深いことはない。卵は確かに美味しいが、これでは資源は先細りになってしまおう。

煮つけというのは、一般家庭の料理法だが、タコを使った煮物料理として代表的なものが、マダコを使う「タコの柔らか煮」で定番料理の一つだ。

タコは火を通したり熱を加えたら硬くなるという特徴を持つが、これをそうさせずに手練の技によって柔らかく、そして味わい深く煮る。これは下処理をしたタコを鍋などに入れて酒、それとタコを柔らかくするための炭酸水を加えて煮て、酒、醤油、味醂を入れ、またコトコトと煮込み、できあがったらそれをぶつ切りにして出す。

タコがとても柔らかく仕上がるのでこの名が付いており、様々なやり方があるようだが、中にはベーキングパウダーをまぶして、同様に煮込むものもある。

この「タコの柔らか煮」を鮨ダネとして使用するお鮨屋もあるそうだが、残念ながら私は食べたことがない。関東ではこの「タコの柔らか煮」のことを「桜煮」と呼んでいる。「桜煮」は「桜煎り」とも言われる。タコと大根を炊き合わせると、大根がタコの色素によって桜色になることから「桜煮」と呼ばれる。目出度い桜になる。タコと大根は相性が良いようだ。柔らか煮の場合もやり方は様々だが、関東では足を刻んで垂れ味噌で煮立てたものもある。

江戸時代には今日では消えてしまったが、地名が付いた「駿河煮」なるものもあった。

同じ江戸時代の『料理山海郷』の中に、「精進飯蛸」の記載がある。精進だからイイダコは使わない。味を付けた麩で蒸し米を包んで昆布で縛り、醤油で煮て油であげるという中々手の込んだ料理である。おでんの種に使うキンチャクに似ている。

関西には少々小馬鹿にした言葉であろうが、女性が喜ぶ食べ物として、「イモ、タコ、ナンキン」と言う。ナンキンはカボチャのことだが、マダコ、イイダコはサトイモと煮付けることが多い。

実際、イモとタコはなかなか相性の良いカップルである。タコのみは固くてそのままでは食べにくいものだが、タコ料理の中でも煮炊きの料理に限ってみればイモと炊き合わせることが最も多く、こうすれば固いタコも柔らかく仕上がるといい、各地にバリエーションが見られる。

特に有名なものに、香川県の讃岐に伝わるその名もずばり「芋タコ」と呼ばれる郷土料理がある。この芋タコはタコをサトイモ、ダイコン、マメなどと炊き合わせるもので、この地域の婚礼などの行事食としてはなくてはならないものだ。福島県の「芋タコ」もほぼ同様なものだ。

それから、福岡県、佐賀県の有明海沿岸地区では、水田で作る水栽培のサトイモであるミズイモを栽培している所が多かった。このミズイモはイモの部分、それから茎の部分を食べていたが、夏の野菜の少ない時期にはこの茎は貴重な野菜だ。ミズイモの茎によるお浸しとイイダコの煮付けは筑後地方では良く出てくる料理である。これが出るとお盆も近く、夏休みも半分過ぎたという季節感を子どもの頃に感じていた。

ギリシャ　アテネのタコ料理の店

アテネ　焼きダコ

焼く

干したタコを炙るというのを除外して見ると、平安時代の『料理山海郷』の中に「焼蛸」の記載がある。これはタコの足をぶつ切りにして醤油の付け焼きにしたものであるが、今日では伝わっていないようだ。

南太平洋のポリネシアでは、タコを石などに打ち付けて身の繊維を柔らかくし、その後おき火の灰に突っ込んで焼きあげたものが広く知られている。かつて落ち葉を集めて焼いた日本の焼き芋と同じで、灰の中でジンワリと加熱させる。こうして焼くと遠赤外線ではないが、食材の味を引き出して美味しいのは確かだ。

スペインでは鉄板焼きでタコを焼く料理がある。焼き上がって熱々のタコに、タップリとオリーブ油をかけて食べる。これも香ばしくて美味しい。

ギリシャでは、干したタコを焼いて同じくオリーブ油をかけた脚を一本出す。しっかりとした繊維質と香ばしい香りが食欲をそそる。

こうした料理とは別に、イタリアでは「ポルポ・アッラ・ソレンティーナ」、つまり「ソレント風タコ料理」が知られる。ジャガイモとタコを合わせてオーブンに入れて焼き上げるグリル料理だ。

ナポリ民謡「帰れソレントへ」で知られるソレントは、ナポリ湾に面した高級避暑地として知られるが、ローマ時代の遺跡であるポンペイにもほど近い。ナポリ湾はタコの名産地としても知られる。

ジャガイモは大航海時代以後にヨーロッパに渡来したものだから、古代ローマ人は知るよしもないが、こうしたグリル料理を古代ローマ人は楽しんだかもしれない。

煮込み

広島県三原市のタコ料理でシェフが考案したという「タコの乳しゃぶ」という料理がテレビで放映されていて驚いたが、実は漁師仲間では良く知られている料理法であったので二度ビックリしたことがある。

聞いただけではタコと牛乳の組み合わせはミスマッチという感じがするが、意外に相性が良い。

薄くスライスしたタコを牛乳が入った鍋に「しゃぶしゃぶ」の要領で軽くくぐらせて食べるのだが、タコの身が実に柔らかく仕上がるのだ。

タコに限らず牛乳は身を柔らかくするという。鍋料理でも牛乳鍋があるので良く考えれば驚くことはないのだろうが、発想としては驚愕する。漁師はいつ頃からこんなやり方を知っていたのであろうか。

チャレンジ精神が農民に比べて強い漁師であるから、偶然が重なって考えたのか。また、島の人は牛を飼う牧畜と漁業を兼ねている人も多いので、ふとしたことから考え出されたのか。農民ではこのような発想は考えられにくいかもしれない。面白い「タコの乳しゃぶ」料理である。

フランスマルセイユ近郊の冬の代表料理がブイヤベースだ。これは魚介類の鍋といえるものだが、この材料としてタコも使われている。寒い冬の時期、プロヴァンスワインを飲みながらブイヤベースをつついて食べるのは堪えられない。魚のスープが混然一体となって実に美味しい。同じようなものがナポリでも見られる。

福岡では韓国料理と銘打つまでもなく、もつ鍋、キムチ鍋は冬の定番で市内でも供される店は多いし、家庭でも食卓にのぼる。韓国の釜山にはテナガダコを使ったゴマ油にキムチとテナガダコのブツ切りを炒めたものなど様々な料理があるが、名物に「ナクチポックム」日本語に訳せば「ピリ辛テナガタコ鍋」がある。なかなか美味しいものだ。

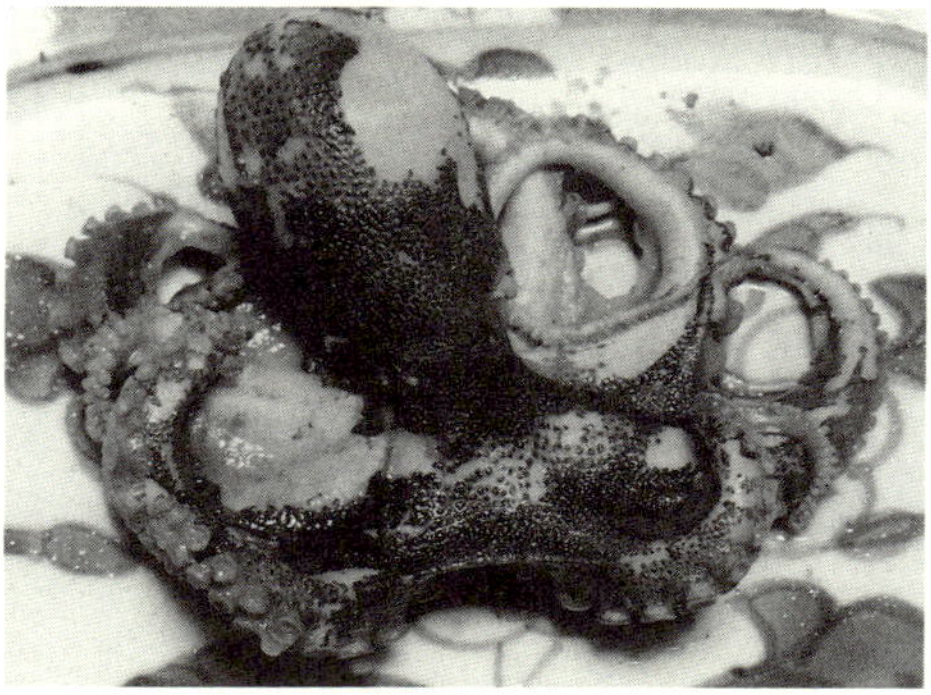

おでんのイイダコ

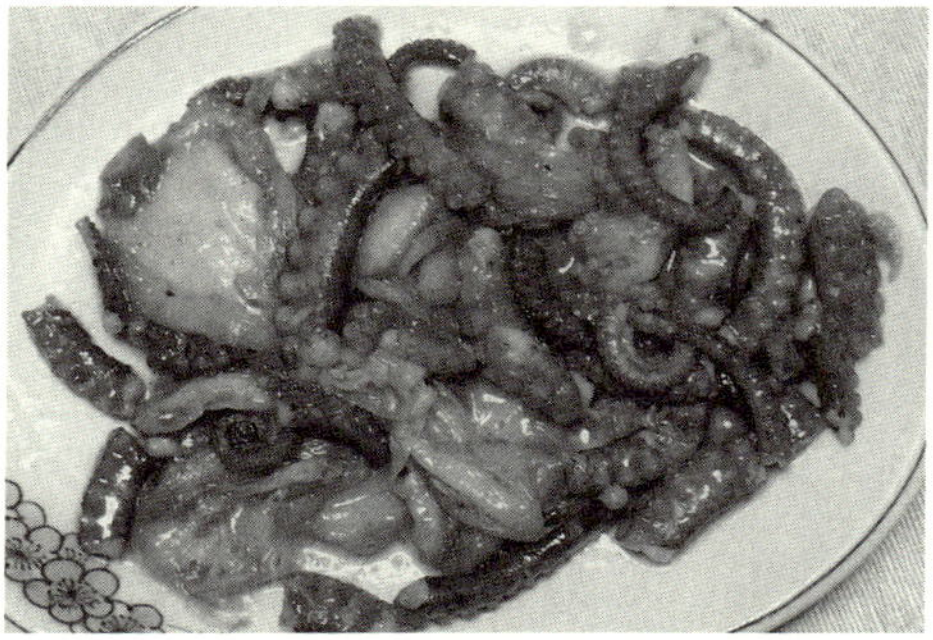

テナガダコとキムチの炒めもの

釜山名物ナクチポックム

日本ではテナガダコは自家消費で市場性は無かったのだが、最近は韓国料理と共にテナガダコの価値も上がったようだ。

話を日本に戻すと、九州ではそういう話を知らないが、関西ではタコをおでんの種として使うことも多い。マダコはそのままではなく足を使い、切って竹串に刺し、イイダコはそのままおでん種にする。

おでんに入ったイイダコはクルッと足が曲がって、お風呂に入ったようでもありとてもユーモラスだ。タコは煮たら脚をクルッと丸め、本当は腹部なわけだが、いかにもツルツル頭をした姿で収まりが良いのだろうか。

タコ飯

タコ飯

ご飯にタコを炊き込んだものとイカ飯のように中に詰め込んだものとの二種類があるが、いずれもタコ飯と呼ばれている。

ご飯にタコを炊き込んだものは瀬戸内海域一帯で広く見られるが、愛媛県のタコ飯は代表的な郷土料理として知られる。

料理に使われるタコは、春先から田植えの頃に獲れるもので、この地域では「木の葉ダコ」と呼ばれるやや小形のタコを使う。タコ飯はお米に刻んだタコ、ゴボウ、ニンジンを入れ、醤油味にして炊き込み、ミカンの皮とノリの千切りを散らして彩りをそえる。この季節の味わいあるものだ。

他の地域もだいたい似たようなものであるが、臭みを消すためにアクの強いゴボウなどと炊き込むのがミソのようだ。

熊本県の天草では、干しタコ作りが知られているが、やはりこの干しタコをタコ飯に使っているが、他の地域でも干したタコを用いている所もあるようだ。天草の例では、具はゴボウ、ニンジンなど同様なものだが、それにヒジキを炊き込んでいる。味はやや甘めで、磯の香りがしっかりとしている。

兵庫県の明石では、お米にタコだけを入れて醤油で味付けしている。これは八月七日の「井戸替え」の頃に作る行事食としての性格が強いことが知られる。冬の寒い頃には刻んだ干しタコを生のタコの代わりに入れるが、同じようにタコ以外には具は何も入れることはなく炊き込む。

ＪＲの西明石駅に、タコ壺風の焼きものに入れられた「ヒッパリダコ」と呼ばれる名物駅弁が知られるが、これもタコ飯のバージョンのひとつであろう。

それから炊き込んだタコ飯ではなく、中に詰め込んだ北海道の函館名物のイカ飯のように、タコ飯を作る所がある。それは、山口県の周防灘に面している地域で、マダコを塩茹でにして腹部の中に赤飯を詰め込み、しばらくおいてから輪切りにして出す。赤飯を入れるのが特徴的だが、この地域独特のもののようだ。

イカ飯はモチ米を使っているが、赤飯を詰めるとはどういうことなのであろうか。タコの赤と赤飯の赤というように、赤が重なることから二重のお目出度さを表現しているのであろうか。

四国は香川県讃岐の郷土料理として「押し抜き」と呼ばれる押し鮨が知られているが、この上に載せる具として春にはサワラ、そして夏から秋にかけてはタコを使う。彩りが酢飯と対称的で鮮やかだ。

もちろん郷土色豊かなこれらの鮨ではなく、にぎり鮨にもポピュラーなネタとしてタコが使われる。もちろん使うのは脚の部分で、軽くゆがいてスライスしてネタに用いたりしている。

瀬戸内海には面していない広島県の内陸にある三次（みよし）では、料理ではないが、地元で生産される米をタコの絵柄を印刷した袋に入れ、「タコ米」として出荷している。もちろん、これはタコを使ったお米ではなく、単に商標として使ったものだ。

韓国ではこれはタコ飯ではないが、お粥に切ったタコを入れて食べることもあるという。

スペインの米を使った代表的な料理として知られるのが、パエリヤである。本来はイスラーム教徒であり、地中海に面した湖沼地帯に住んでいた漁師の料理であったが、今日ではキリスト教徒の多いスペインの代表的国民食となっている。

簡単に言えば、スペイン風炊き込みご飯で、米を鍋に入れてオリーブ油で炒め、魚介類、あるいは肉類など地域で獲れるものを一緒に炊き込む。地中海側ではタコも具の一つとして良く使われているが、これも美味しい。

日本の炊き込みご飯と違うのは、お米にやや芯が残るように炊かなければならないことで、イタリアのパスタのようにアルデンテが好まれる。

ギリシャでも、「〇〇おばさんの料理」という料理名で、パエリヤ風のタコの炊き込みご飯を、アテネのパルテノン神殿の麓に広がるプラカ地区の、ギリシャ語では大衆レストランを意味するタベルナで食べたことがある。これもけっこうな味であった。

イタリアでは、リゾットなどのお米料理はスパゲッティなどの小麦の加工品である麺類も含めて、パスタのジャンルに入る料理だ。大きくは北のミラノを中心としたリゾット、南のナポリを中心とした麺類と言えるだろう。

ペペロンティーネはスパゲッティよりも細い麺類であるが、これにしばしばシーフードを使うことが多い。香辛料をきかせてやや辛口に仕上がったタコのペペロンティーネは、とても美味しい。

その他諸々

タコといったら、高級なものではなく、どちらかというとそれでも庶民的なイメージが強い。その姿形から、「お父さん」ではなく、「親父さん」というイメージを持つからであろうか。

てんぷら

デパートのイイダコ惣菜

懐石料理といったら、いかにも日本の格式のある料理形態だが、タコで名高い明石には「タコ懐石」を出すお店もある。タコのフルコースといった感じだが、さすがに「明石のタコ」のブランド力なのだろう。

その他にタコを使った料理としては唐揚げ、薩摩揚げ、竜田（たつた）揚げなどの歯触りの良い揚げ物の他、私は食したことはないが、ものの本によれば味噌漬け、小倉煮、タコ豆など様々な料理名が考案されている。

魚のすり身を利用して油で揚げた「薩摩揚げ」は、九州では「てんぷら」と呼ばれるが、これにもタコがすり身ではないが、細切れで入っている。これで「タコ天」などとも呼ばれる。

また、タコに限らず、魚介類の卵は中々美味しいものであるのだが、卵自身は腐敗が早いこともあって、これだけは産地に行かないと新鮮なものをなかなか食することができない。

ところで、マダコの卵は白い藤のようであることから「海藤花（かいとうげ）」と呼ばれる。つまり「海の藤の花」という意味だ。この名を命名したのは、江戸時代の明石藩の儒学者であった。お堅い儒学者にしては、美しい名前を付けたものだが、確かに鈴なりに連なっている姿は藤の花のようだ。

もちろん、この「海藤花」を取り出して吸い物、あるいは三杯酢、煮物などにする。いずれも産地でしか味わえない珍味で、旬は九月頃だ。ギリシャのアリストテレスも、この「海藤花」を食べていたという。

日本人にとって究極のハレであった正月の重要度が次第に落ちてきているのが昨今の状況だが、正月の買い物でごった返すデパ地下に「黄金いいだこ」という銘をうった惣菜がだしてあった。黄金は数の子であるが、

道の駅

タコ街道の看板

タコカツ丼

イイダコにまぶして売っていた。いい＝飯、それから富の象徴である黄金、それに子孫繁栄を示す数の子といったことが正月の縁起になるのであろう。

　それから、天草の「タコ街道」に沿う有明町赤崎に、「道の駅有明リップルランド」がある。ここは町興しもあってか、「日本一のタコの町」という看板と共に市場、レストランがあって実に様々なものがある。これでもか、というくらいのタコづくしだ。

　レストランでは伝統的なタコ飯の他にタコピラフ、タコカレー、タコカツ丼などの料理も供されている。中には意気込みは良いのだが、料理としてはどうだろうかと首を傾げるものもあった。

　また、市場には干しタコの他、タコ飯の素、タコカレー、タコせんべい、タコちゃーはんの素、タコふりかけ、タコチップ、タコステーキなどこれまた多種の商品が並んでいる。さすがに伝統の干しタコ、タコ飯ものは多い。

　中には「珍たま」と呼ばれる煮卵もあった。これはタコステーキの煮汁で炊いたものだ。語呂合わせとしたものだろう。

　創意工夫とは言うが、しかし、良くこれだけの品を考えたものだと思わずにはいられない。

　商品は地元で獲れるタコを使ったものだが、中には燻足というタコの脚一本を燻製にしたものもある

タコ商品の数々

タコ商品の数々

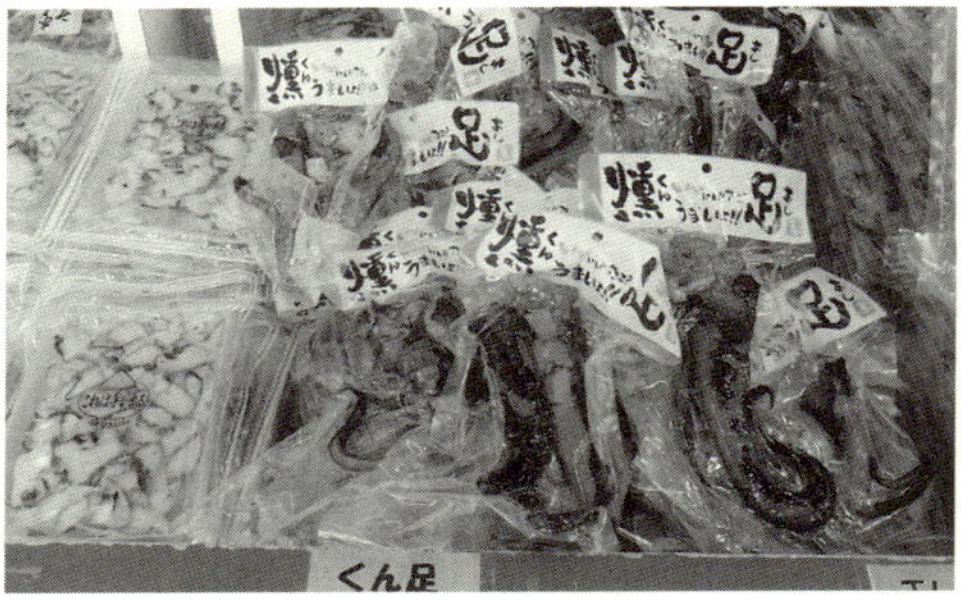

ペルー産のタコ商品

タコ商品の数々

が、これは残念ながら地元産ではなく日本の真反対、南アメリカペルー産であった。

このようにタコも伝統的な利用の仕方と共に、どれだけ普遍的に広がるかは別として今日では様々な形で利用されている。

タコ料理をズラッと並べる店も各地にあるようだが、東京にもそれを売りにした店があり、繁盛しているようだ。タコ飯の他、タコシャブ、タコ天麩羅、イボイボ焼き、タコバターなど様々な品が並んでいる。

チャンポンと言えば、長崎発祥の麺料理だが、天草には天草チャンポンというご当地ものがある。海鮮をタップリと使ったものも知られるが、それにもイイダコが丸ごと一匹乗っかっている。

タコそのものを使ったものではないが、赤い色をしたウィンナーソーセージの片方に包丁で切れ目を入れて焼き、子ども達のお弁当のお総菜にしたりもする。クルッと足が巻いて赤く茹で上がったようなタコになる。

週刊誌の漫画『鉄人ガンマ』の中にも、主人公の好物がこれで、フィアンセが弁当を作ってくれ、蓋を開けて喜ぶ姿が描かれていた。最近、テレビコマーシャルでも流れており、ヨーロッパ・アメリカ系と思われる大人の男性が、このおかずの取り合いをしていた。

いつ頃誰が考えたか分からないが、確かにタコである。私も小さい頃、母親がお弁当にしばしば入れてくれていたが、子ども向きのおかずなのであろう。

今は何事も本場ものが幅を効かせているのだが、それとは違い、赤く着色したものの方が、その独特の色と合わせてユーモラスな姿だ。タコは赤いというのが一つの特徴でもあることを示している。

四　祭りとタコ焼き

タコと食の話をしたが、ここで「タコ焼き」の話が出ないことについて怪訝に思った方がいるに違いない。焼くということで真っ先に浮かぶのは、今日ではやはりタコ焼きだろうし、タコと言ったら即タコ焼きということになる人も多いのではなかろうか。縁日には無くてはならないものだし、商店街、スーパーなどのコーナーにも見られる。また、全国的に展開をするタコ焼きのチェーン店も数多くある。タコ焼きの道具も販売され、電熱プレートを利用して家庭で簡単に作ることもできる。

バレンタインデー、ホワイトデーなど「……の日」と命名した記念日は多いが、二〇一〇年N食品会社が毎月第三土曜日を「オコパー・タコパー」と制定したという。これは「お好み焼きパーティー・たこ焼きパーティー」の略で、給料日の前、財布が心もとない日に食べてもらおうという意図だそうだ。企業の意図は別として、タコ焼きは一般に普及している。

明石の魚屋の看板

さて、タコといったら「明石（兵庫県）のタコは立って歩く」といわれる「明石タコ」は、マダコのブランドだ。今日、淡路島との間に明石大橋が架かっているが、潮流の激しい明石海峡で育ったタコは潮流でもまれた結果、筋肉が著しく発達し、陸に上げても這いずるのではなく、立つように歩くと言われた所以である。

この話は明石だけではなく、岡山県の同じように備讃海峡に面する下津井でも、同じように言われるのだが、そんなしっかりとした明石出身のこのタコを利用したのが、この地の名物「明石焼き」だ。

しかし一九六三年、全滅の危機に瀕し、急遽有明海の湾口にある天草から稚タコを取り寄せ放流した。明石はこのマダコの他、イイダコも獲れる産地だが、今日の明石タコの先祖は九州熊本県天草出身ということになろうか。天草の有明町にも誇らしげにそのことを記した碑文が建っている。フランスのカキの大部分が同様に全滅し、こちらは稚貝を日本から取り寄せたのと同じだ。

地域性、あるいは国内物だとか言っている場合ではなかったのだ。いずれも育ちはその地だから、何ものも育ちが肝心ということで良しとしよう。

それでも食の中で国産のマダコは激減し、アフリカなどからの輸入品が圧倒的に多い。遠く明石まで運ばれて「明石もの」になる他、タコ焼きの具としても使用されているというが、その大部分はアフリカのモーリタニア沖で獲れたタコである。日本では海で獲れた魚介類は、水揚げされた場所で名が付くのだ。

ちなみに「タコ焼き」はつゆにつけて食べる「明石焼き」と違い、ソース味なのが特徴である。

明石焼きは「玉子焼き」とも呼ばれ、小麦粉と卵を溶かした生地にタップリとした出し汁を加え、タコをいれて焼き上げたものだ。具はタコだけでフワフワして柔らかく、天つゆ状のスープにつけて食べる。タコ様は漆塗りの台の上に、実に品良

明石焼き

明石焼き作り

く並んでいる。火傷しそうに熱々の明石焼きはとても美味しい。
この明石焼きの原型は大正時代に始まったともいわれている。
また、大阪の下町に「ちょぼ焼」というものがある。「おちょぼ口」の「ちょぼ」と同じ意味で、一口サイズの小さいものだ。

地域の雑貨店に行くと、「ちょぼ焼き」の道具を売っているが、タコ焼きに比べても二回りほど小さくてとても薄い。これは同じ大きさの孔が付いたものを二つ合わせて使う。その中にタコ焼きのように小麦を溶いたものを注ぎ、丸く焼き上げるのだが、具にはタコではなく小さく刻んだコンニャクを入れるのが特徴である。そしてソースではなく醤油を付けて食べる。同じく、「ラジオ焼き」といって形は球形で「ちょぼ焼き」より少し大きく中身、味は同じものがあった。

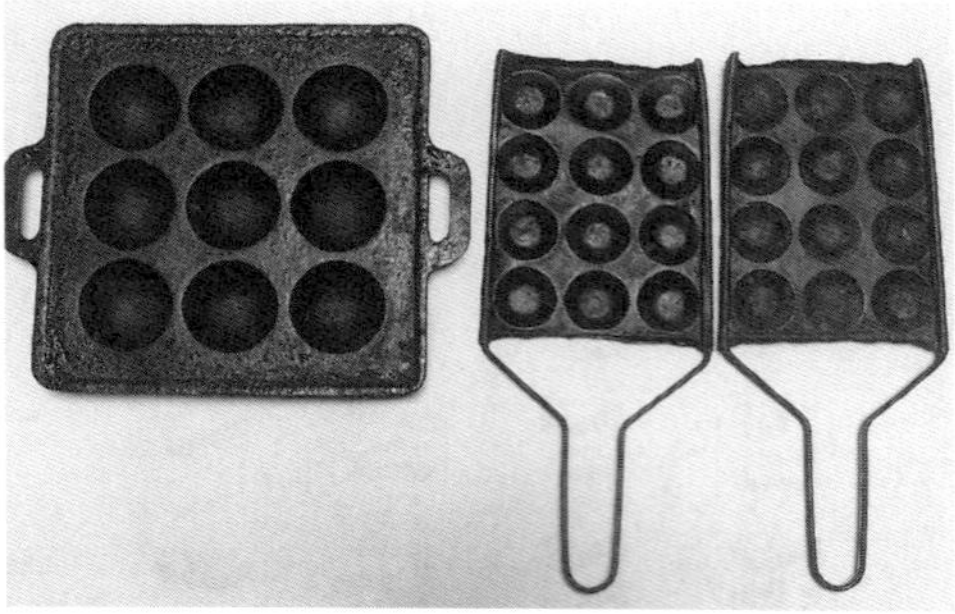

左－タコ焼き、中・右－ちょぼ焼きの道具

これらは第二次大戦前には見られたそうだ。それから最近先祖帰りではなかろうか、大阪の地域的な食べ物として「まる焼」なるものが流行っている。これは形は「タコ焼き」だがタコは入っておらず、醤油味で、煎餅ではさんで食べるものだ。

明石焼きも最初はコンニャクを入れていたのだが、明石沖で獲れるタコを入れたともいう。ただし、ソース味ではない。

タコ入りチヂミ

それから大阪には「お好み焼き」なるものがある。同じように小麦粉を溶き、刻んだキャベツをドッサリと入れて、平たい鉄板の上に広げて焼き、具を載せて、ソースを付けて食べるが、これにはイカを使うもののタコを入れることはない。

韓国の家庭料理として、お好み焼きの韓国バージョンともいえるのがチヂミである。お好み焼きと似るが、キャベツではなく、刻んだネギを使ってフライパンなどでごま油をひいて焼き、酢醤油などのタレで食べる。これにはタコを使ったチヂミがある。

このように「タコ焼き」が丸いのに対し、「お好み焼き」は平たいものだし、タコはチヂミには入っているが、お好み焼きには入っていない。カツオを使った鰹節、あるいはサバなどを使った削り節、細かく刻んだ紅ショウガ、それから青のりを使うなど材料は似る。

明石名物の明石焼きは、「ちょぼ焼き」、「ラジオ焼き」、「お好み焼き」などと合体してソース味のものとなっていったのかもしれない。露店でサッと作って食べることのできる「タコ焼き」はいわば「明石焼き」の簡略版だ。

こうして地域性の食べ物である「明石焼き」から、露店商の手で瞬く間に全国区にまで広がった食べ物だ。天つゆで食べる明石焼きのままでは、簡単、簡便さを求める露天商の商品には向かない。

手間の掛かる明石焼きでは、やはり地域的な食を脱することはなかったであろう。言葉もズバリタコ焼きと名をうち、それをソース味にして作りやすく、そして素早く食べることができ、それを縁日で口にする。

一般的なタコ焼きは、ホール上の凹みを持つ鉄板に溶いた小麦粉を流し、キャベツなどを入れ、そして大事に刻んだタコを入れて丸く焼き、その上にソースをかけ、紅ショウガ、青のり、カツオ節などの削り節をかける。

タコ焼きの道具には二種類あって、焼き方が少し違う。

一つは鉄板の孔の中でピック状の道具でくるくる廻して上手に廻して形を整えながら焼き上げるもので、焼き上がったら丸く仕上がる。これが古いタイプだ。もうひとつは、片側に孔があり、もう一方に蓋状の平たい鉄板をもつ。孔の中である程度やけたら、ひっくり返して平たい鉄板の上に載せる。焼き上がったら、丸くなるのではなく、下が平たいヘルメットのような帽子状のものに仕上がる。一枚ものを使って焼くものに比べるとやや大きいのが特徴だし、丸く仕上げるのにやや熟練を要するのに対し、比較的簡単である。最近はこのタイプのものが多いようだ。

いずれにしても、今ではタコ焼きはもちろん珍しいものでも何でもなく、大抵の商店街には一軒はあるものだ。全国に展開するチェーン店もある。もちろん、祭りの縁日に賑わう屋台にはタコ焼きは欠かせない。

どんたくの屋台

タコ焼き風景

地元の人は皆首を傾げるのだが、全国で一番の人出を集めるという五月のゴールデンウィークに開催される福岡の港祭りとして知られる「どんたく」にも、タコ焼き屋がむろん店を出している。

とある年、天神の中心、歩行者天国になった明治通りにも博多にわかの面を飾った「博多焼鳥」と名をうった焼鳥屋の横に、大阪を打ち出した、タコの絵を入れたタコ焼き屋が仲良く並んでいた。博多ラーメンは別として、博多焼鳥とは初めて聞いたのだが、両都市の屋台の競演であった。

縁日の屋台の店で、地名を冠にした常連には「東京ケーキ」がある。東京は何となく文明開化の香りのするケーキなのだろうか。お好み焼きも広島風というのが別にあるが、タコ焼きといったらやはり大阪を代表するものなのであろう。本物であり、本場からのものと言いたいのかもしれない。

私が小学生になった頃、祭りの縁日でも伝統的な綿菓子、あるいは団子と共に地域でもタコ焼きが流行ってきた。

大きいタコが入っているのを売りにしている店もあるが、私の身近な地域ではタコ焼きとはいうものの、タコも中に入っていないものがけっこう多かった。人の良い私は、タコ焼きは形がタコの頭（もちろん本当は腹なのだが）に似ているので、タコ焼きだというのだと信じていた。

逆にときどき店によっては、中にタコが入っているのでビックリしたほどだ。「露店ものはタコが入っていないが、うちのものはタコがちゃんと入っている」と店の人がタコ入りのタコ焼きをうりにしていた。

明石焼きは地域名が付いて言葉の中にタコは入ってはいないが、「タコ焼き」になるとタコを頭文字にするのだが、タコを使うということだけでなく、やはり形の類似性もあるのではなかろうか。

さすがに消費者保護法が厳しい今日では、露店も含めタコの入っていない「タコ焼き」はもちろんない。だが、タコ焼きの起源という点では、タコ無しというのもあるのかもしれない。

このように老若男女問わず縁日に「タコ焼きは」欠かせないものとなっていったが、その背景には、祭りの日にはタコを食べるという文化的伝統があって、その一バリエーションとしてタコ焼きがあるのだと思う。

とくに西日本の各地では、タコがないと祭りにならないとは良く聞く話だ。これはもちろん「タコ焼き」だけの話ではない。そもそも祭りにタコを必要とするのだ。

大阪の堺市の祭りでは「タコ市」と言ってタコばかり売る市も立つほどで、祭礼には「お払いダコ」と言ってタコ料理を食べる習慣がある。

タコの持つ様々な特徴つまり属性から生みだされる力を人が取り入れることによって、新たなパワーを得る。タコは基本的にハレの食なのである。

こうした習慣があることによって、新しいものでありながら広くタコ焼きが受け入れられたのではなかろうか。

第三章　タコと人が織りなす世界

一　タコの変身——水と陸の世界

タコはイカと同様に墨を吐く生き物だ。ただその墨はイカと少し違う。イカは固まった墨を「ポテッ」と吐くのに対し、タコは「パッ」と広がる煙幕のような墨を吐く。煙幕を巻いて敵の目をくらませ、その隙に一目散に逃げ出す。

まるで、煙幕の張り方が忍者の術のようでもある。タコの七変化ではないが、海底に潜るだけでなく、タコは海底の様々な底質、あるいは岩場、また魚などに合わせて柔らかな体を使い、変身することができる。姿形からも「海の忍者」と言われる所以だ。実に器用に変身する。

そのタコとヘビの関係は意外に多いのだが、二つのタイプが知られ、その一つがヘビとタコの戦いであり、もう一方の話はヘビがタコに変身するという話だ。戦いの話がそれぞれ異質の世界観の違いなら、変身譚は互いの共通性を持った話といえる。

戦いの話では、北海道の江差の岬において、タコが楓の木に足を伸ばして巻き付いて昼寝をしていたところに、大きなヘビが襲うという話が残っている。両者の争いはなかなか勝敗が付かなかったが、数回の戦いの後、タコは墨を吐いてヘビを締め付けて戦いに勝ったという。

末広恭雄によると、このヘビは海蛇とも呼ばれるウツボではないかと指摘している。確かに、ヘビとタコの戦いは聞いたこともないが、ウツボとタコはウツボがタコを好物としていることもあって頻繁に起こる。この場合はウツボが勝利することが圧倒的のようだ。ただし、北海道のタコであるので、ミズダコになったら巨大だからタコの勝利の確率も高いかもしれない。

しかしそうした解釈もあろうが、タコとヘビは水界と陸界の世界を代表して描かれている話と考えられないだろうか。ヘビは陸、タコは水界の生き物に違いはないが、タコは陸を這い、ヘビは泳ぐというようにしばしば越境をする。境界紛争が起きる。

この戦いは最終的に水界の代表タコが勝利するのだが、タコが勢いづいてしまった結果、漁師の生活を支える大事なニシンが不漁になってしまう話が残されている。もちろん、それを干鰯にする農民も困るのだ。これが最も重要なことではなかろうか。九州では唐津市呼子に残っている大綱引きと同じ事であろう。海と陸の戦いなのだ。

このような話とは別に変身の話がある。

「変身」という掛け声とともに日常から離れたスタイルを取り、強いパフォーマンスを得るという話は身近なドラマの中でもしばしば見られるものである。変身願望というものも良く耳にする。自らの世界を脱却し、別の世界に変換する。日常である「ケ」と非日常の「ハレ」の対比であろうか。

呼子の大綱引き看板

呼子の大綱引き看板

仮面もそのような道具の一つで、仮面を被ることによって、普段の自分と違うものに変身する。ヨーロッパでもしばしば見られる「仮面舞踏会」や「カーニヴァル」などは普段の生活とはまったくかけ離れたものに変身している。

人以外の動物が変身するという話もわりとポピュラーなものであるが、その中には「鶴の恩返し」などで知られるように、あるいはタヌキ、キツネなどの動物が人に変身することも見られる。

人以外に動物が他の動物に変身するというものもあって、その一つがタコがヘビに変身するという話だ。その話は以下の通りである。

ある商人が福井県を通りかかったところ、土地の人たちが誘い合わせ、ヘビがタコになるのを見に行こうというので、一緒についていった。そして、とある浜辺に出た。

すると、山から一匹のヘビが出てきて海に泳ぎだした。ヘビは波に揺られながら、なんべんもなんべんも尾を持ち上げて海面を叩いたという。しばらくすると、その尾は裂けて足のように分かれ半身はタコという姿になり、ついにはタコにすっかりかわっていたとのことである。

これと同じような話は日本各地に多い。九州の玄界灘に位置する長崎県の壱岐島でも、私が聞き取り調査をした北端の壱岐市勝本町に住んでいた当時二〇代の若い男性は、ヘビがタコに変身するという話を私がしたら、自分も見たと語ってくれた。

ヘビとタコの関係を考えるとき、最初の話は陸と水の世界をかけた戦いであったが、共通性はあって両者ともクネクネとしており、細長い足、あるいは細い胴体によって締め付けるものだ。

あまり馴染みがないタコであろうが、ムラサキダコ（学名Tremoctopus violaceus）と呼ばれるタコがいる。黒潮域に漂っていると考えられている。このタコは一般のタコと違い、アンコウのように、雄が三cmほどなのに対し、雌が五〇cmを超えるという雌雄で著しく大きさが異なる。

またこのタコは海底を這い回ることなく、波間に漂い、全身紫色で腹が銀色をしている。海面近く波間を漂う習性からか、雌の長い第二腕と第一腕の間は広い膜となっている。陸上に上げたら膜が溶けかかったようになってしまうことから、伝説としてヘビが変わったタコだ、ともしばしば言われる。そのように変化していくので、本来はヘビだと考えられたのかもしれない。

それから、脚が長いテナガダコは別名をそのものズバリのヘビダコとも呼ぶことから、共通性もあるのだろう。

違う生き物なのだが、別なものに変身するというものも、共通性のあるものとして同じだと人が意識するからこそ、この話が出てくると考えられる。それでは、ヘビとタコはどういう点で共通性があるのであろうか。まずヘビとタコは形から「長いもの」であり、見た感覚として「ヌメリ」がある。また「タコは水中のものなのに歩く」、「ヘビは地上のものなのに足がない」といったそれぞれの住むべき世界から外れている。いわゆる「外れ物」なのだ。そして、地上を動く際にはどちらも地を這っていくという類似性が認められる。

ヘビということで海外に目を向けると、ギリシャ神話の中に、美しいのだが、髪がクネクネとしたヘビになったメドゥーサがいる。通りかかって彼女と眼が合おうものなら、たちまち石になってしまうという怖い女神として知られる。

そのメドゥーサをイメージしたオブジェが、イスラエルのエルサレム旧市街の城壁に沿ったヤッファ門近くに最近できた、ショッピングモール街に展示してある。

それはメドゥーサの象徴というべき多数のヘビによって出来ている頭髪をヘビの代わりにタコをあしらっている。やはりヘビとタコを同一視しており、どちらも悪魔なのであろうか。確かに地を這っていくし、クネクネとしており、奇怪という点ではユダヤ人にとっては同様なイメージなのであろうか。

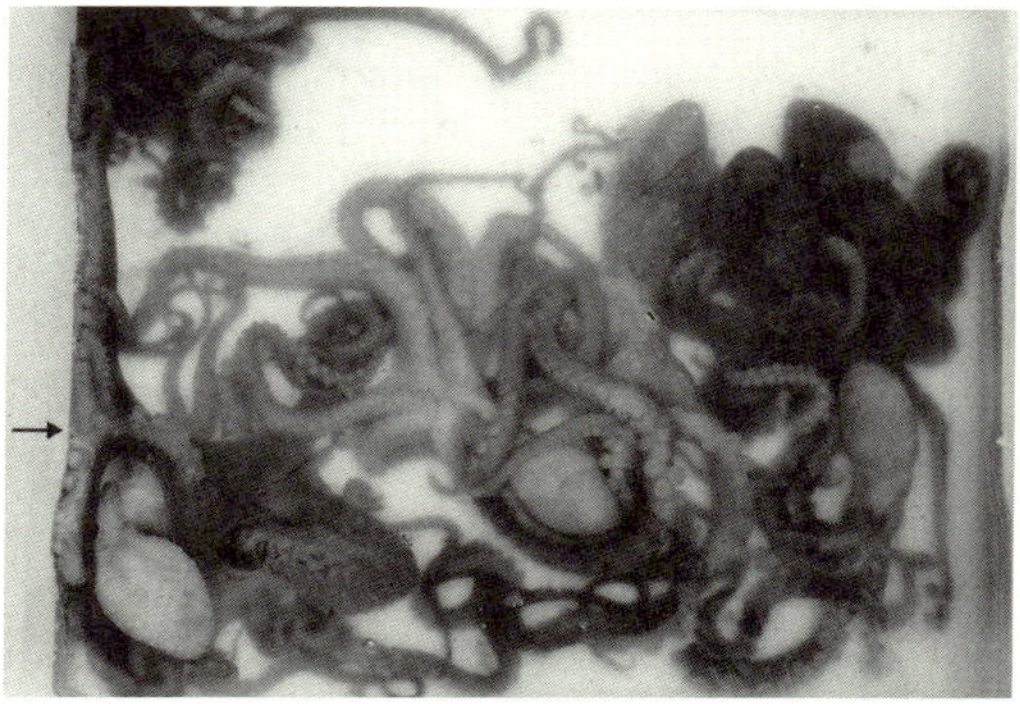

ヘビのようにうねるテナガダコ（矢印）

エルサレムのオブジェ

最近日本でもとみに浮世絵が脚光を浴びているが、その筆頭で世界に知られた江戸時代の浮世絵師葛飾北斎の作品の中に、「美女とタコ」がある。それはヘビの特に頭部からの形からペニスを象徴して男性を表示するように、タコも男性のもつ同じイメージが持たれていると考える。

後で話をする後家さん参りをするタコはユーモラスではあるが、この男性としてのものではなかろうか。

それとタコの特徴として、本来は腹部である部分が頭とされ、足で立つという人間的な姿で描かれているように、足が人に比べて多いもののヒトとの共通性が強調されている。まさに足の多い多情なヒトの男性である。

二　蛸薬師・蛸地蔵の話――タコが海中から持ってくる

日本には信仰の対象となっている蛸薬師、蛸地蔵が知られる。

蛸薬師は京都府京都市新京極の蛸薬師、東京都目黒区などにある。

東京都目黒区の蛸薬師の話によると、唐への留学僧であった慈覚大師が日本に帰る途上、嵐にあったのだが、薬師如来を海に投げ入れると、無事に日本に帰り着くことができたという。後に、慈覚大師が九州の玄界灘に面した肥前松浦地方を歩いていたら、その薬師如来がタコに乗って現れたという。その姿を像にして本尊にしたという寺が、東京のど真ん中にある成就院だ。

ここも通称は蛸薬師で知られる。願い事をすればイボ、魚の目、眼病に効くという。イボを持つタコのイメージからであろうか。大きなタコを描いた看板があって、「ありがたや　福をすいよせる　たこ薬師」の字が躍っている。

京都の新京極の蛸薬師も由来が知られている。ここに住んでいた住職の母が病気になり、タコを食べたいと

奉納絵馬

蛸地蔵天性寺

いう。そのたっての願いを聞き入れてタコを買い求めたのだが、寺の中に持ち込むことはできない。そうすると、薬師が親孝行の住職のため、タコが経典に見えるようにしてあげたという。以来、蛸薬師となったという。

また、勇壮な「ダンジリ祭り」で知られる関西の岸和田市の天性寺には蛸地蔵がある。ここに祀られている本尊の地蔵は毒気を吐いて悪をやっつけるタコに乗って海から現れた地蔵だという。

地元では天性寺ではなく、蛸地蔵の方が遙かに通りが良く、実際最寄りの南海電鉄の駅名も蛸地蔵だし、商店街も蛸地蔵商店街となっているほど、蛸地蔵の名が親しみを持たれている。

本来の名である天性寺といってもピンとこないような人もいるようだ。また、商店街の中で営業している薬局も蛸地蔵の御利益にあやかった商売をしており、さすが商売上手な関西人である。

寺の門には大きく蛸地蔵と書かれている。また、御堂の外側にも蛸の絵馬が掛けてあり、この寺の性格を物語っている。

この地蔵の由来は、『蛸地蔵菩薩縁起』によってうかがい知ることができる。それによると、建武年間のとき、和田和泉守が岸和田にいたときに大津波が起きて城下が水浸しになったが、大きな被害もなくて不思議に思い、人々が岸辺に出てみると、一木像がタコに取り囲まれていた。これは岸和田の守り本尊だとして城内に祀っていたが、事情があって濠の中に入れてしまった。

時が経ち天正年間になり、松浦肥前守がこの地を治めていたとき、紀州の根来衆が攻め寄せてきたが、守りの人員は少なく多勢に無勢で陥落も近いという危機的状況に陥ってしまった。しかし、そのときに一人の白法師と共に無数のタコが現れて毒気を敵方に吹き込んで退散させたのだった。

この白法師は実は濠の中の地蔵であった。これに感謝して最初は城内において祀っていたが、後に城下の天性寺に祀り、今日に至ったという。

タコを食べずに願えば家内安全、商売繁盛、安産に御利益があるという。訪れた参拝者はタコの絵馬を買い、願をかけている。願をかけるには、タコを食べてはいけないという。通常は一年、あるいは三年間はタコ絶ちをしなければならない。それを守るとしっかりと御利益があるという。

タコの絵馬

むろん、ここの住職は家族も含めてタコを食べることはないそうだ。総元締めが生臭であってはいけないのだ。

こうしたものとは別だが、町興しを計って天草の赤崎の海岸に沿った「天草ありあけタコ街道」には、シンボルとして二〇〇五年に製作されたタコ壺に入ろうとするリアルで巨大なタコのオブジェがある。FRP製だが、擬人化されたユーモラスなタコではなく、しっかりとした眼があって薄気味悪いほどリアルなのが特徴だ。「ありあけタコ入道」と名づけられ、タコの言葉をもじって五つの幸せが訪れる「五多幸」になるそうだ。一緒に石像、そして願掛けの為の絵馬を掛ける絵馬掛けもあった。私が訪れたときは、カップルが像の前で仲良く写真を撮っていた。この像の評価は今からであろうが、歴史を刻んでいくだろう。

さて漁で話をしたように、餌は別として、タコは好奇心があり、キラキラと光るものに反応するという性質がある。これを利用したのが手釣り漁で用いられる擬似餌だが、白いものではネギ、あるいはラッキョウなども使っている。この漁のことを別名タコダマシと呼ぶ所以である。

タコのオブジェ

五多幸の像

日本各地には、タコが海底から抱えて上がってきたという陶磁器がある。中には日宋貿易で運ばれてきた中国の白磁など、舟の難破で海底に沈んだものもあるようだ。もちろんこれは擬似餌と同じようなものだから、タコもこれに反応して足を巻き付け、それが漁師によって回収されたものだ。こうした海中からタコが抱え上がったという話の極めつけはタコが抱えた仏像である。もちろん、タコが巻き付くということは起こるであろうが、タコが意図したものではなく、人が好意的に解釈したのだろう。

愛知県知多半島の日間島では、漁師が仕掛けたタイ網にタコが仏像を抱いて上がってきたという。それをきっかけに旧暦の正月元旦に大漁祈願のための「タコ祭り」が行われている。神前のお供え物から料理まですべてタコづくしとなっている。

同じように、愛媛県西予(せいよ)市明浜町(あけはまちょう)狩浜(かりはま)でも、春日神社のご神体が海に沈んだのをタコが拾ってくれたとされる。今では特別に関係のある家を除いてこの習慣は失われているが、これに感謝してタコを食べないという習慣がこの地区に生まれたという。また、同じような言い伝えが残る地域も近くに見られる。

仏像を抱えて上がったタコがあるならば、キリスト教社会のヨーロッパではマリア像を抱えたタコがあっても良いようだが、私の知るところではギリシャのエーゲ海などで海中に降ろした網に、古代ギリシャの青銅製の神像、あるいは大理石像が引っかかって上がる例はあるようだが、残念ながらこうした事例は知らない。

ギリシャはカトリックなどの西方教会に対し、東方教会が主体であり、マリア像、つまり聖母マリアに対する思いが格別に強い地域ではない。だから、栄光ある古代ギリシャの物が関係するのだろうか。とすると、余計にイタリア、スペインなどでは、聖母マリアの像をタコが抱えて上がってくるという話があっても良いかもしれないが、残念ながら聞いたことがない。

タコは、キラキラとした白いものに反応するのだから、大理石に巻き付いていても良さそうなのであるが、そうはいかないようだ。この地域において、こうした釣り漁が無いことからきているのかもしれない。

いずれにしても、イボを取ってくれるタコは吸盤で吸い寄せるということだし、様々な福を人にもたらすというのは、長い脚によって招き寄せるということから連想したものであろう。

三　悪さをするタコ――陸に上がる

日本の各地にある村々は、人が生きるための生業から山村、農村、漁村と呼ばれているが、そこで語られている話は土地との関連が密接で生活を反映した文化をもち、実に興味を持たれる点が多い。

以前、福岡市の漁港に出かけた際、面白い話を聞いた。

それは資料調査には絶好の海がしけて漁が休漁となった、師走のある日のことだった。福岡市西区西ノ浦の漁師の溜まり場で、網の手入れをしていた赤ら顔の古老達が語ってくれた話だ。

実はここを訪れる前に行った近くの唐泊（からとまり）（福岡市西区）のタコ漁師の家で話を聞いていたら、隣の西ノ浦ではタコを獲ると中気になるといって、誰も漁をしなくなってしまったという話を聞いた。それで興味を抱いて

西ノ浦

西ノ浦を訪れたのだが、案の定タコを獲ると中気になるという話が飛び出し、そこから漁師仲間で伝えられるタコの話が聞けたのだ。

その折りの会話をここに再現する。

「あんた、何しにきた?」「タコを獲る人がおられると聞いたので、その話を聞きたくてきたのですが」「タコ！　タコ漁やると中気になると！　わしたちもタコの獲り方は知っとるけど、中気になるのがえすかけん獲らんと！」「タコ壺は壺が重いから、舟から縄を手繰るだけでも骨が折れますからね。」「んにゃ。タコはクニャクニャしとろうもん。やから人間もクニャクニャになると。タコば獲ると目と目の間を突かんといかん。あの目ば見ると、おそろしゅうてでけん」「今は○○さんしか漁しとらんばい。あんた話を聞くなら、早う聞くがよか。あれもすぐに中気になって手、足、しまいには口が動かんようになるけん。あっはっは！」

と、私が○○さんの所から帰って再びのぞくと、

「あんたどうやった?　今んところあれが一番詳しかけん。あんたタコはものすごう頭の良か。夜中、海から抜け出てきて畑の大根、里芋ば掘って抱えてもっていきよる。あんた知っとうな?　タコはお寺さん詣り、後家さん詣りもすると！」「はあ?」

と、最後は一杯機嫌の口調がとめどもなく脱線していったが、後で聞くと、確かに「悪さをするタコ」の話はこの地区に存在するという。

「中気になるタコ漁」、「悪さをするタコ」の話を聞いて頭に浮かんだのは、日本各地の漁村に残るタコ伝説との関係だ。

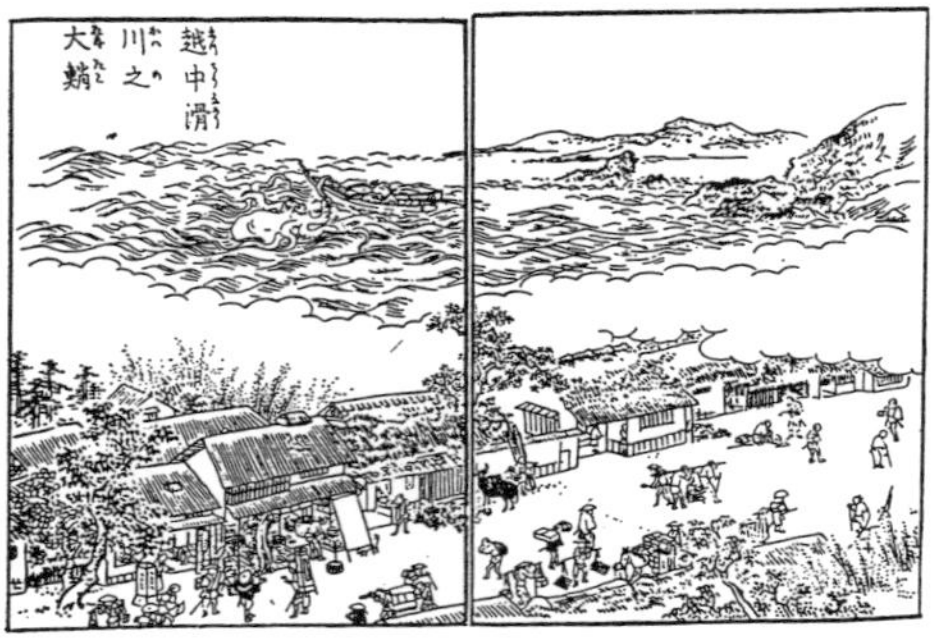

タコの図（『日本庶民生活史料集成』より）

とくに有名な話は『日本山海名産図会』に出るタコである。それを少しかいつまんで説明すると、

「都で十月頃に、市場でふつうに売られている多くのタコを「十夜ダコ」と言うのだが、北国のあたりのものは、二・三m～三・五mにもなるような大きなもので、どうかすると人を巻き獲って食べる。そのようなタコの脚が人の皮膚にあたれば、そこから血を吸われて人は直ぐに倒れてしまう。イヌ、ネズミ、サル、馬も同じことになる。

夜になるとタコは、水際に出て腹を棒のような頭のように上げて眼をいからし、八本の脚で走るように進み、田圃に入ってイモを掘って食べる。大きいものになると、夜中だけではなく日中でも同じようなことをする。農民がこうしたことを見つけると、ナガイモで打ち取ったこともあるという。

越中富山滑川（なめりかわ）の大ダコは牛馬を獲っては食べ、漁舟をひっくり返しては人も襲う。漁師はこのタコを捕らえる良い方法がないため、舟で空寝をして待った。

そうしていたら、タコが舟の中をうかがいながら寄ってきて脚を舟の上に伸ばしたきたのを素早く鉈で切り落とし、速やかに漕いで帰った。生死を一瞬の内に分ける危険なことであった。

切り落としたタコの脚を軒下にかければ、長く垂れて地面にも余るほど長い。また、この吸盤一つだけでも、食べると一日の食料として十分足りるという」とある。

田圃に入って芋を食ったり、漁舟を襲うだけでなく、夜な夜な村々を徘徊し、牛馬を獲り食らう悪さをする大ダコの話が出てくる。これに類似した話としては関東地方の三浦半島沿岸部にも存在するという。

また、日本には七本足のタコの話もあり、それによると陸に上がり、二本足で歩き墓場から死体を掘っては盗み、海に持ち帰るというオカルト的なタコの話も伝わっている。

目を外に転じてみれば、南太平洋の人々はタコを日常的に良く食している。

その南太平洋のミクロネシア、サタワル島の調査をした例によれば、サタワルではタコのことをクースと呼び、そのクースは三つに分かれるという。

一つはいわゆる足が八本あるタコのこと。二つは足が五つで天のタコとされるクモヒトデのこと。三つは足が六本しかなく、夜に浜に上陸してココヤシの木に登り、木に仕掛けられたヤシ酒を飲むというユーモラスで飲んべえのタコがいるようだ。二つめのタコは日本の出雲の国の空から降ってきたタコの話を思い出す。

日本とは少し異なりはするが、夜中陸地に上がってきて悪さをするという共通認識を持ったタコの話がある。この話などタコというよりはヤドカリの仲間であるヤシガニのようだ。ヤシガニは大きな一対のハサミを持つが、足はそれを除くと確かに六本だ。しかし、当たり前だが、酒を飲むようなことはないようである。

ここでは、足が多くて這う生き物をこのように分類しているのであろうか。

ちなみにハイハイをするヒトの乳幼児段階の子どももタコと同じ分類に含まれ、「這う動物」という「マニー・トート」に区分されている。自然と人がある一点においても一体化されてとらえられている。幼児の段階ではタコと人とが共通化されている。タコが人と同じなのだ。

広大な太平洋の中央部に位置するポリネシアでは、ポリネシア人の移住話として「ハワイキ伝説」が伝えられている。

「ハワイキ伝説」では、タヒチをタコの頭（もちろん、本来は腹部）に例え、タコの脚が広がっていくように北はマルケサス、ハワイ、東はツアモツ、マンガレバー、イースター、南はクック、ニュージーランドへと船出をしていったという。移住拡大をタコに例える話が興味深い。

また、「タコの敵討ち」という説話が伝わり、タコの宿敵であるネズミの形を模した漁具でタコを漁る。タコを獲る漁具がどうしてネズミの形をしているのか、その理由が「タコの敵討ち」のためだという。かつて石毛直道の他、数人により漁の報告と共に紹介されている。

話は島によって少しずつ違うのだが、トンガ諸島の話を紹介するとこうである。

「むかしむかし、ネズミとアホウドリとヤドカリがココヤシの舟に乗って海へ釣りに出かけました。ところが、アホウドリが舟に穴をあけてしまい、沈没してしまいました。ヤドカリはサンゴ礁にはい上がり、アホウドリは空に飛び上がって難を逃れましたが、ネズミは泳ぐしかありません。一生懸命泳ぎましたが、しまいには疲れてしまい、おぼれそうになってきました。

すると一匹のタコが現れて頭の上にネズミを乗せて助けて上げ、岸辺の方へ運んであげました。ところが、ネズミはオシッコがとてもしたくなりました。それで、タコの頭の上へオシッコをしてしまい、頭がビチョビチョになってしまいました。岸辺へ着くと、ネズミは陸に上がりましたが、タコの親切も忘れて裏切り、ことあろうかタコをからかう歌を何回も歌ったのです。

何と恩知らずなネズミでしょう。タコはネズミを殺してやろうと陸に上がり追いかけましたが、なかなか捕まりません。しまいには、タコがネズミから噛り殺されそうになってしまい、海に帰るしかありません。

しかし、タコは決してネズミを忘れてはいません。機会があれば、ネズミをやっつけてやろうと今も思っているのです」

このような経緯から、今でも漁師はネズミの形をした漁具でタコを獲り続けているという。説話の背景が生きて、漁があるのだ。

このようにこの地域でのタコは、被害者としてユーモラスに描かれている。タコは地域の人々にとって海の恵みであるが、ネズミは貴重な財産を食い潰す憎き敵なのだ。それで、タコが好意的に、ネズミは悪者という立場が与えられているのだろう。また、この伝説でもタコの腹部が頭と認識されている共通性が見られる。

ネズミとタコ

しかし、本当に一番の悪者はネズミではなく、その事を知ってタコを騙しているヒトであるのだが。

概して、南太平洋では悪さをする愉快なタコである。

ヨーロッパ世界に目を拡げれば、とくに北ヨーロッパではタコは奇怪な姿として強調され、ユーモラスな面を持った「悪さをするタコ」ではなく、恐ろしいタコとなる。つまり「悪魔の魚」いわゆる「デビルフィッシュ」と呼ばれ、嫌がられる。

『月世界旅行』、あるいは『八〇日間世界一周』も知られる、フランスが生んだSF作家であるジュール・ベルヌの著した『海底二万哩』の話に胸を躍らせた人々も多いと思われる。その中に、航行中の潜水艦ノーチラス号に足を伸ばした巨大な大ダコが巻き付き、乗組員を苦しめる話が出る。

同じジュール・ベルヌの作品に『火星人襲来』がある。

かつて映画『市民ケーン』『第三の男』でも知られるイギリス

の名優オーソン・ウェルズが、ラジオ放送で朗読したのだが、あまりにも迫真に満ちていたので、朗読とは分からず本当に火星人が襲来したと思い、大騒ぎになった逸話が知られる。

この火星人もタコのような形をし、足でスクッと立ち上がっている。この火星人がイメージとしてそのまま残ってもいる。

イギリスの『ハリー・ポッターシリーズ』の「炎のゴブレット」にも、なぜか淡水湖にタコとおぼしき生物が多数出てきて、水中の友人を救おうとする主人公を邪魔するのだ。あまり奇怪な姿では描かれていなかったが、だからといってけっして善良なるものでもない。クモと同類なのかもしれない。

また北の海には、タコをデフォルメした姿と思われる伝説の怪物クラーケンが深海から姿を現し、船を襲って沈めてしまうという話をしばしば耳にし、漁師、あるいは船乗りなどはクラーケンを恐れるのだ。

ヨーロッパではないが、アメリカのとあるピンナップ雑誌にタコと美女の写真が掲載されていた。

タコと美女の対比では、日本の葛飾北斎の浮世絵は世界的に広く知られ評価もされているが、これの改編版のようだ。しかし、ここに描かれたタコは口から牙を出しており、タコというよりはクモのタランチュラに近いようである。

タランチュラは人命も奪ってしまう名だたる毒グモであるが、タコもこれに近いイメージなのかもしれない。確かに地を長い足を活かして這っていく。恐ろしくて、悪魔、オカルト的なタコである。

いずれにしても、こうした地域ではまったくユーモラスなタコは登場しない。

これらの話は、その地域の人々のタコを食用とはしない生活がよく反映され、日本の悪さがより身近なのに対し、タコは奇っ怪なものであるという心理的にも遠さが存在しているように思える。

それと変わり、同じヨーロッパでも地中海沿岸に面するポルトガル、スペイン、フランス、イタリア、ギリシャなどは今日でもタコを良く食している地域である。特にいかもの食いのたぐいではない。

ギリシャの漁村を歩いていると、タコの干し物が天日で乾かしてある姿をしばしば目にするが、このタコの干し物はギリシャ独特の松ヤニに入ったワインであるレッツィーナ、あるいは地中海地域のウーゾのツマミとして人々に愛されている。

ギリシャ名物のタベルナで注文すると、脚一本饗されることが多い。干したタコを利用したものだが、確かに繊維質であるが、中にしっかりとした旨味があり、風景とあいまって中々の味である。

古代ローマのアリアネスが聞いたタコの話も実に面白い。

そこには、

「私はイタリアのディカエルキアという所で、一匹のタコが怪物のような大きさになって陸に上がり、物を奪うという話を聞いた。そのタコは地下の下水路を通ってイベリア商人が荷物を置いている浜辺の家に現われ、腕を塩漬けの魚が入った陶器製の容器に巻き付けて壊し、食べてしまった。

商人は荷が壊されているのを見てびっくりしたが、誰が荷を壊したのか分からなかった。そこで、彼の召使いの中から最も勇気のある者に武器を持たせ、待ち伏せていた。

そして夜になると、いつものタコが現れ、塩漬けの魚の入っている容器を壊して食べ始めた。その日は満月であり月明かりでその怪物の姿が召し使いにもはっきりと見えた。しかし、召使いは一人だけだったので、手出しをすることは恐ろしくてできなかった。

朝になって商人に報告すると、彼らの中には会ってみたいと思う者だとか、好奇心で見たいと思うものが現れ、部屋に隠れていた。

するると、また件のタコが現れた。そこで下水の蓋を閉めて帰れないようにし、斧と刃物で足を切り、やっとのことでタコを退治することができた」

と、このような話が記載されている。

まさに陸上に上がってきては悪さをするタコである。

このことは、地中海を巡る地域では北ヨーロッパの諸国と異なり、悪魔、怪物という嫌悪さよりも食としての重要さをもち、幸をもたらす神性な海の象徴としての意味も強くもっていたと考えられる。日本人は世界で最もイカを含めた頭足類を食べる民族であり、年間五〇万tの漁獲高を誇り、位置的にはタコ食用民族の中で最北端に位置している。食用としても二〇数種が上げられる。

歴史的に見ても、タコ漁の起源は少なくとも考古学的な遺物を見る限り弥生時代前期にまで遡ることができるし、タコ漁に使用したものと断定はできないものの、それより前の縄文時代にまで遡る可能性はある。文献からも『延喜式』によれば、租税の一つである調として壱岐国、肥後国、讃岐国より貢納されていたことが分かるし、その他にタコは焼蛸、干蛸として文献にあらわれ、干しアワビ、干しカツオ、ナマコのイリコと並んでいる。いずれも商品性が高く、かつ神饌食品としての地位を古くより占めているのが特徴的である。漁の仕方である漁法、あるいは使用する漁具も豊富で、南太平洋、地中海地域と比べて日本では断然群を抜く多様性を持っている。手づかみから始まり、ヤス、曳き、釣り、カゴ、タコ壺、網など実に多い。イイダコ壺に至っては貝製、土製も存在するなど実に多様だ。

「好意と嫌悪」、「尊敬と蔑視」という言葉のように、忌み嫌うものは神性なものでもある。時間と空間を超えて両面が顔を出すが、実は表裏一体なのだ。とくに日本人には二重構造的なその意識が強く感じられる。「悪さをするタコ」は夜中、海から抜け出で芋をとったりして悪さをし、ときには人をも襲う。しかし、同時に神性なものであり、古代より人々はタコを獲り、神前に捧げて共に食したのだ。

このように「悪さをするタコ」とは、その中に漁師の海に対する尊敬と感謝の気持ちも込められ、豊かな海の象徴となっている。その点、南太平洋でも楽しくタコの話が語られ、かつ地中海を巡る地域でも象徴的な意味合いを持ったりするように、タコを食べるという食性を持つ所では同じような文化的背景が考えられる。

今日、海は海洋汚染、あるいはそれまでの天然繊維から化学繊維による網などの漁具、ソナーを使った探知など漁撈技術の発達による乱獲などで年々魚は減ってきており、絶滅危惧種も増加している。日本人にお馴染みのマグロ、ウナギも危機的状況だ。タコもかなり危ない状態である。

まず訪ねた唐泊でも、かつてはタコ壺を使った漁が行われていたが、怪我をする人が続出して止めてしまったともいう。西ノ浦でもタコ壺漁を行っても、なかなか壺にタコが入っておらず「労多くて益少なし」の状態だったという。

話を聞いている中で、カメと言う言葉が、棺桶の甕を連想させるから、縁起が悪いという人がいたが、事実はそうではないようだ。

漁に出でせっかく苦労して手繰り寄せても、タコが壺の中に入っている確率は一〇％以下ともいう。実際、焼き物のタコ壺はとても重く、それを手繰るだけでも大変な重労働なのだ。そのことから「タコを獲ると中気になる」という話も生まれてきたように思える。

「悪さをするタコ」の話が、いつまでも漁師の中で語り継がれていくように祈りたいものである。

四 豊饒のシンボルとしてのタコ

有明海の湾奥部に位置している福岡県の柳川市近郊の村では、水難避けに「タコ」を作る風習がある。筑後地方では、旧暦四月一五日には水の神さまを祭る「水天宮祭」が執り行われる。この時期に、氏子がタコを作って捧げる。私の書斎の片隅にも、本来の意味とは離れてこのタコが鎮座している。

このタコとは何であるかというと、ワラを利用して生物のタコを真似たものを作り、頭（本来は腹）にはボ

ワラで作られたタコ

水天宮とタコ（福岡県柳川市）

上の写真の矢印部分のタコ
（ワラで作られたもの）

ラを入れて竹竿にくくりつける。また、竹竿の上には御神酒の入った徳利を、同じようにくくりつける。これを堀岸に立てておくと、「カッパさんよけ」になるという。足もしっかりと付く。

この一帯は堀、つまりクリークが無数に張り巡らされている。これらの堀は水門によって調節され、統一的に制御して貯水と排水が行われている。この水門は特に重視されているわけだが、水門を開いているときには、この辺りで遊んでいたら水が渦状になり、巻き込まれてとても危険である。

私が子供の頃、始終言われていたのは「イビ（水門）に近づいたら、カッパさんに引き込まれる」ということだった。水門近くは確かに水が渦巻いている。これもカッパさんの姿の一つだったかもしれない。また、無数に巡らされている掘も同じで、水の事故が絶えなかった。

私自身、道を走っていたら滑って自転車ごとクリークに転落し、足がペダルに挟まってしまったが、それでも水が少なくて助かった。それから、弟も同様に田仕事をして一瞬目を離した隙に、三輪車でそのままクリークに転落したこともある。これは近所の人に助け上げてもらえた。

また、私が通っていた小学校の教頭先生をはじめ、近所の子どもなども含め私が知っているだけでも数人も水難死している。子供だけに限らず、酒に酔ってあやまって落ちたり、車ごと転落してしまう痛ましい事故もあとを絶たず、車にはねられる交通事故より遙かに危険性の高いものだった。

水を溜める堀は、魚獲り、あるいは川下りをして楽しむためのものではなく、水不足に悩まされるこの一帯の水稲農耕経営で生計を立てる農家の人々にとっては必要不可欠なものであったが、常に危険性と隣り合わせにもなっていた。水難避けもまた切なる願いであった。

水天宮に「水難除け」に参ると、カッパさん除けも建っているが、ヒョウタンを形取った小さなお守りを貰い、子供達は首に巻いて水難除けとした。ヒョウタンは水難防止にもなるのだ。もちろん、これは「ヒョウタン」と呼んでいるのだが、本物のヒョウタンではない。あくまでお守りだ。

こうした風習は広く筑後川流域で見られるが、どうやらタコ状にしているのは干拓地を含めて海に隣接をしている地域だけのようである。他の場所では、やはり「カッパさんよけ」を川岸、あるいは水路などに立てている。だが、単に魚、鰹節などをワラで包んだだけで、タコの形に類似するように作っているわけではない。なぜタコの形にしているのか、村人の記憶も定かではないが、タコに類似したものは干拓地一帯の地域に見られる。

そこは農村地帯でもあるが海にも近く、漁村も数多くあって、潟地に生息するイイダコを狙うイイダコ漁が盛んな地域だ。ところで、イイダコは春先に卵を持ち、頭にある卵（実は腹だが）が、飯粒のような形をしているところから名づけられたものだが、それと合わせて稲の収穫を地域の人々が願い、水の確保を希望したものではなかろうか。

いずれにしても、海に近く漁師も住むこの地域の村の性格から出てきたものであると理解できよう。

これに関してもう少し検討してみる。

西日本の各地から出土するイイダコ壺を検討した倉田亨（くらたとおる）によると、弥生時代人は水稲農耕民であるから、イネを植える春に海から飯を収穫するのだが、その海の飯こそがイイダコであると考えた。農耕民は海の飯＝イイダコを獲って飯を得、それを供物としたという。海の世界と陸の世界との対比で、共通な認識としての飯が上げられる。

稲作開始以後の考えだが、もう少し歴史的に遡った全体像を考えた方が良いのではないか、と私は思っている。

農耕活動において、実はタコはイネというよりもイモとの共通性が圧倒的に多い。それは形の類似性にとどまらず、色彩からも近く、ベトベトとしたヌメリを持つという皮膚感覚的な共通性もある。

更に一歩進めると、水田に植えているイイダコ＝イネという意識よりも、水田で栽培されるサトイモであるミズイモの方がより共通性は高く、場所も海に近い。水難避けとしてワラを利用し、タコに類似したものを作る柳川周辺は水田にミズイモを盛んに作っている地域でもある。

イイダコは小型で、一口で食べられることから「ヒトクチダコ」とも呼ぶが、飯という意味が加わったのは、新しいものではないかと考える。タコは、イネよりもイモとの共通性の方が高いのではなかろうか。

もちろんのことだが、イモ、タコは生物学的には何らの関係もないものであるのだが、その両者が関係を持って語られるのが先ほどの『日本山海名産図絵』に記載されている田に入ってイモを獲るタコの話である。

夜中にイモを獲りに上陸してくるタコであるが、どうしてイモでないといけないのか。

少し考えると、これまた同一性、類似性があるのではなかろうか。つまりタコ、イモとも丸くて膨らみを持ち、そこから伸びたものが足、ランナーであって形態が似ている。おまけに両者ともヌメリを持つ。

篠崎晃雄は、タコがイモを獲るということに関して、このように説明している。

それによると、室町時代の吉田兼好（よしだけんこう）による『徒然草（つれづれぐさ）』の中に、「真乗院の盛親僧都（もりちかそうず）はサトイモが大好物で、読経の時も手許にイモを盛った鉢を置き、病気になっても親イモを食べれば全快すると言っていた」と書いてあるのを、坊主（タコ入道）がサトイモを食べるという洒落を理解しなかった人が誤って伝えたのではないか、と述べている。海から陸地に向かって、一連の同一性のある環境が存在している。

しかし、私はもっと食生活に基づいた深い部分にその類似性の根源はあるように思えるのだ。

それはサトイモ、つまりタロイモ系のイモを食用とする地域は、ヨーロッパを除くとタコ食用文化圏と重なるのである。

ただし、オセアニアではタロイモとタコとの関係がなく、関係が出るのはタコの卵がココヤシの実に似るという表現、あるいは足がいくつかあるというような動物との類似性だけだ。この地域では、日常的なケの食はタロイモなのである。タコはハレ的な位置づけなのであろうか。

ところで、タコ、サトイモに似てヌルヌルとしたものに、日本人がこれまた極めて好物の一つであるウナギがある。

ヨーロッパではヘビがウナギになるという話はあるのだが、日本ではヘビとタコの話はあるものの、このウナギとタコの関連の話はないし、タコとサトイモの関係は「イモ、タコ……」というような食に関してはあるものの、変身は同様に認められない。

ウナギはヘビと形が似ているので、例えば台湾本島の東南にあるかつての紅頭嶼（こうとうしょ）、今日の蘭嶼（ランイー）に暮らす先住民族であるヤミ族は、タコは食べるのだが、ウナギはヘビといって食べようともしない。タコとの関連はない。こうした認識を持つ人は日本人でも意外に多い。しかし、ヤマイモがウナギに変身するという話はあるのだ。

ところで、日本でも食されているヤマイモはヤムイモ系であるが、タロイモ系のサトイモと同様にヌルヌルとしたものであり、東南アジアではセットとなって良く食されているものである。しかし、タコとの関係は出てこない。

ミクロネシアのヤップ島の説話を調査した吉田禎吾によると、ウナギとタロイモの関係は出てくる。「少年が大ウナギを退治し、頭、胴、尾の三つに断ち切ったが、これは実は自分の母親であった。このことを知った少年は、それぞれを土に埋めると各部分から植物が生えてきた。そして、尾からはタロイモが生えたという。」

このような話が知られるが、他にマキイという村の池に七つの頭を持ったウナギが住んでおり、村の人はタロイモなどの食べ物を持ってきてウナギに捧げたという。

このような話でヤムイモとタコの話は出ない。ヤマイモもやはりヌルヌルとしたものであるが、サトイモと違って、タコと形が似ていないということもあろうが、やはりその採れる場所が山中であり、ウナギとは世界が混じることもあるが、タコとは世界が隔絶するという隔離性を持つからであろう。

タコが海を代表し、ヘビが山を代表して争うという話があったが、まさにそういう世界なのである。

イネとタコに関してはもう一つの話がある。

田植えが終わり、夏至を過ぎて一一日目は「半夏生（はんげしょう）」と呼ばれるが、この日に「ハンゲダコ」と呼んで、タコを食べる習慣が関西にはある。実はこの時期はイネが成長してきて、しっかりと地に根を張る分枯の時期にあたる。「タコの足のようにしっかりと根を張るように」との農民の思いが込められている。

兵庫県の播磨地方では、この日タコを海に放流して豊饒を祈願する。祈願する場合は、タコを食べることを忌避する。

このようにイネと関係がある半夏生なのだが、イモとの関係も存在する。「半夏生」というサトイモ科の植物が知られるが、この植物の生える時期であるからこそ、本来半夏生と呼ばれたのである。

イネとの関係の意味づけを考えてみると、陸の植物である半夏生の生える時期がまず知られており、その時期に海で獲れるタコの意味づけが出てき、最後に稲の付加した意味がついたのではなかろうか。

冬から春にかけてのイイダコは卵、そして夏のタコはタコの足からの類似性で、どれも稲作に結びついたものだ。最も大事な主食であるイネに想いを込め、海の幸であるタコに託したのであろう。

ところで、田植えは農家にとって重労働であったが、一段落した後は「サナボリ」といって、温泉に行ったり、あるいはご馳走を食べたりして英気を養い、夏の草むしりなどの労働に備えた。

鹿児島県の南端、指宿辺りではサナボリを「サノボイ」と言うが、その時期に「泥落とし」といってタコを食べに漁村に行く習慣があるという。田植えの泥を落とすことが休息ということを意味しているのだ。「半夏生」とはまた違って、タコを食べるというのが英気を養うことと関連される意味をもつのであろうか。最近は中々「サナボリ」というのを聞かなくなったが、糸島市で「サナボリツアー」というロゴでバスが走っており、懐かしさを見た。

さて、言葉において稲以外の農作物との関連をみると、神奈川県の三浦半島周辺では、五月のムギ刈りの時期に獲れるマダコのことを「ムギダコ」と呼ぶようだ。ムギと引っかけて呼んでいる。

ちなみに私の郷里の柳川では、残念ながらムギとタコとの関連はない。関係があるのはシャコで「麦藁シャッパ」と呼んで珍重している。この時期のシャコは卵を持っており、確かに美味しい。いずれにしても海の産物を農事に合わせて呼ぶ習慣がある。

ところで、豊饒のシンボルとしてのタコだが、国内だけでなく目を外に向けて世界的に見ると実に面白い。

地中海に面するイタリアでも、ナポリ以南は海産物が多いことで知られる。この地域のレストランに行くと、定番アラカルトとして「漁師のサラダ」と呼ばれる名物サラダを出す所が多い。これには必ずタコが入っている。海の幸として、タコは極めてポピュラーな存在なのだ。

ナポリは「新しい都市」という意味の「ネアポリス」というギリシャ名が語源である。古代ローマの街として知られるポンペイと共にギリシャの植民地として発展したが、母国であるギリシャも、タコ食いとして知られる。

古代ギリシャの最も古い文明であり、エーゲ海のクレタ島を中心にして栄えたエーゲ文明の中で最も古いミノア文明の陶器には、壺の胴部にタコがこちら側に向かって大きく足を広げた姿が描かれる。とくに、タコをモチーフとした特徴的な壺が出土しており、ミノア人がタコに対して、何らかの意味づけを持っていたことがうかがえる。タコの描かれた壺は生業に使用するための実用的なタコ壺ではなく、日常生活に使用するものでもない。タコはこの壺の他に貨幣、石棺などに描かれる。

描かれたタコは、エーゲ海に棲息するマダコの一種である。タコの特徴であるくねらせた長い脚、そして吸いつきそうな吸盤をもっている。タコを的確にしっかりととらえ写実的に描くのが特徴だ。同じエーゲ文明でも、後発のミケーネ文化でのタコの模様は引き続き使用されるが、雄大でダイナミックなミノアのものに比べるとやや単純化されてはいる。

図化で特徴的なのは、日本のタコが本来の腹部を頭にし、そこに目を描き、漏斗を口にするような擬人化、そして漫画的なのに対し、そのような傾向はあるものの、それよりやや写実的に描いているのが特徴だろう。もちろん時代も違うが、漫画的な日本の特性とは異なる。

タコの描かれている意味だが、タコの持つ象徴性、つまりこちらに向かって足を大きくグッと拡げた姿から邪視除けということが考えられる。目をしっかりと描き、足を「クネクネ」とこちらに向かって広げ、邪が其方に近づかないように払う、という守りとしての意味づけを考えさせる。土産用として売られている古代のものに範を取った絵皿にも同じように描かれている。

タコの足を広げる姿形が迫りくる邪霊除けの意味をもち、また子育ての頃のタコが守る姿のメタファになり、守護として神聖化したのであろうか。日本のように、願い事をかけて、食べないという習慣はあったのであろ

土産用のタコの絵皿（ギリシャ　アテネ）

うか。

子育てをするということではギリシャの東、地中海の東岸、イスラエルのガリラヤ湖に棲息する、稚魚を口の中に含み子育てする魚として知られるティラピア、「セントピーターズフィッシュ」の姿とダブってくる。

この魚もキリスト教徒の間では、キリストの弟子ペトロの名を付けているが、大いに食せられてもいる。口に稚魚を含む習性から信者を守るペトロの姿を思い起こし、かつ湖底に沈むローマ金貨を加えて網に掛かり、漁師を富ませる魚と考えられているが、その魚を大事にし、かつ願い事をかけて一定時期は食べないという話はない。

ペトロがガリラヤ湖を代表する漁師であって、その漁師の日々の糧であった魚ということから名付けられたものだろう。

今日のギリシャ人もまたタコを大いに食べている。タブーをもつということではなく、海の豊かさのシンボルなのであろうか。

それからもう一つの意味として、とくに様式化されているミノアのものに見るブドウとの共通性である。この図化を見ると、タコが卵を岩の間に産みつけているものは藤棚の藤のようで、ブドウが実った姿と確かに良く似ている。すなわち足はツルであり、胴体はブドウのたわわな実に類似をする。

もう一歩思考を進めれば、日本でも食には関わりなくロマンチックに「海藤花」と称されるメスの産みつけた卵、あるいはお腹の中の卵も、じっと見るとブドウ一房の個々の実に見えなくもない。似ている。そこに実りのシンボルとしての共通性を見出したのではなかろうか。

オリエント、地中海世界においてブドウは豊饒のシンボルでもある。そして地中海世界においては、それとまったく同じような形をしたタコの卵に対して、人はメタファ的な類似の思考を抱くのではなかろうか。

陸における豊饒のシンボルであるブドウに対して、海の豊饒のシンボルであるタコという対比ではなかろうか。

確かに、タコは環境の悪化に対して敏感に反応する生き物だ。地域に根づくもので環境の悪化に直ぐに反応し、全滅することもある。このようなタコは環境の指標としての意味もあるのではなかろうか。日本におけるイイダコが卵という一部分ではあるが、イイ＝メシと認識されたようなパラレルの思考であろう。

また、陶器に描くという点では、日本ではタコそのものではないが、近世の肥前磁器に「タコ唐草」という模様が描かれる。唐草は、地中海地域では豊饒のシンボルであるブドウの蔓を模様化、様式化したものである。タコ唐草はそれがタコの吸盤のように描かれる。タコもやはり同様な意味を持つのではなかろうか。

ナポリ近郊、ヴェスビオ火山の噴火によって埋没したことで知られる古代ローマ遺跡ポンペイでは「海の幸」と呼ばれている部屋が発掘され、そこにローマ人が好んだスズキなどの海魚が描かれたモザイク画が見られるが、その中央にドッカリとタコがイセエビに脚を絡ませて描かれている。

残念ながら漁法はわからないが、当時の人々が甲殻類を最も好むというタコの生態をしっかりと理解していたのがうかがえる。

『アピキウスの料理書』に、タコは胡椒、魚醤などによって料理すると記載されている。ポンペイの特産は魚醤製造であった。タコを食していたことが知られるので、当然漁はあるはずだ。

ポンペイでは特産品の「ガムラ」と呼ばれる魚醤製造が盛んであったことが知られ、この時代地中海全域に出荷されていたようで、中には出荷先の民族の好みに合わせたきめ細かな魚醤造りを行っていた。

その中で、ユダヤ人向けの魚醤には、鰭と鱗がない魚を食べることは彼らのユダヤ教の戒律によってダメなので、イカ・タコを使用しなかったということが知られている。この当時も輸出品は輸出先に合わせて、きめ細かい対応をしていたことがうかがえる。そこが貿易港として栄えた所以であろう。

その後のギリシャも今日に至るまでタコは盛んに食されているのだが、祭祀土器の紋様に用いるということはなくなった。タコの祭祀としての意味は、どうして消えていってしまったのか。

多神教であった古代ギリシャ世界、その古代ギリシャの神々の存在を否定した一神教であるキリスト教の影響なのであろうか。海の生物に対する人の対応の仕方が変わったのかもしれない。

オスマン・トルコによるビザンティン帝国の征服によって、ギリシャはアジア内陸から西征してきたオスマン・トルコ支配下になるが、遊牧民であった彼らの本来の生活には水界は含まれず、魚には縁遠かった。それでギリシャ語から借用した。

「人はオリオ、つまりオリーブ油によって生き、魚はオリオの中で死ぬ」という諺がギリシャにあるように、オリーブ油と共にギリシャと魚とは切れない関係なのだ。

ちなみに救世主という意味のメシアも、本来油を注がれし者という意味なのだ。

イスラームではユダヤ教以来の一神教の伝統を厳守し、「地を這うもの、鱗の無いもの」という戒律によって、タコは食べることはない。キリスト教は例外として、ユダヤ教も同じだ。

だが、同じ頭足類に属しても、イカの方がタコより忌避することは少ない。イカは漁でも獲っており、スーパーマーケットに並び目にする。これはギリシャの影響を受けたトルコ、アラブ首長国連邦のインド洋に面するシャルジャ首長国でもそうだし、イスラエルでもそうだ。

やはり鱗はいずれもないものの、イカは泳ぐ習性を持つのに対し、タコは這うという魚にしては首を傾げるような習性を持ち、陸の世界と水の世界という区別された世界にまたがるような両義性をもっているからなのだろう。タコの方がより、魚の世界を逸脱しているのであろう。

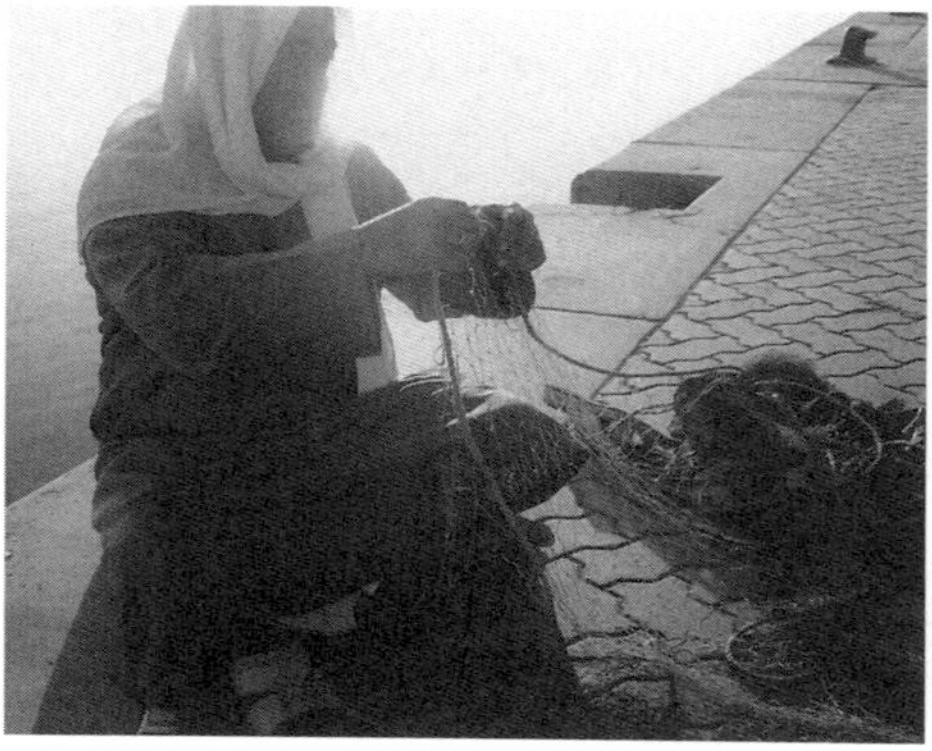

UAE(アラブ首長国連邦)シャルジャ首長国　ディバの漁師

トルコ　イスタンブールの屋台の魚屋

シャルジャ首長国　ディバの魚屋

シャルジャ首長国　ディバの漁具

一般に食用として考えられているものでも好き嫌いとなると、タコを食べる習慣を持つ日本でも同じである。タブーは分類上ファジーなものだ。鱗で鰭がついて水中で生きる生き物、が魚と考えるのだろう。

それはまた、陸上の生き物であるのに足が無く、陸上から水上へと世界を乗り越えるヘビも同じだ。私など大好きなシャコも、前脚の形から「カマキリエビ」という名をもち、「昆虫のようで嫌い」という人も意外に多い。ただし、それが民族的に共通性を持つと、文化的な差異を見せる。

ギリシャの対岸、アフリカ大陸側のチュニジアでは、自らはあまり食さないが、タコをギリシャに輸出して外貨を稼ぐために漁を行っている。ギリシャは今日でも名だたるタコ食いの民族であり、タコは市場でも大きなスペースを持って並べられている。

アテネ市民、観光客の胃袋をまかなう下町のオンモニア広場近くの現代アゴラである市場に

ギリシャ、アテネ　現代アゴラの魚屋

明石市　魚の棚市場

は肉、魚のお店が集中しているが、その中で商いをする魚屋でも多くのタコを売っており、需要のほどが知られる。

タコが溢れかえっているという感じで、ちょうど日本の兵庫県の明石にある「魚の棚」市場に良く似ている。ここもトロ箱に入れられた生きダコが盛んにうごめいている。この姿をじっとみると、トロイの発掘で知られるハインリッヒ・シュリーマンが、かつてミケーネ墓地で見つけたタコ金具にとても似ている。また、画面いっぱいに散らばった姿は紋様の日本のタコ唐草紋をも連想させる。

肉食を断つというキリスト教の戒律を厳格に守るギリシャ正教徒の多いギリシャでは、タコは四旬節の期間、とくに肉に代わる貴重なタンパク源の供給先となっている。もちろん、その期間だけではなく、一週間でもイエスが十字架に架けられた金曜日には、同様に肉を絶つ習慣が長くあった。

今は魚食の方が高級でかつファッショナブルなものではあるが、かつて他のヨーロッパ諸国では、ハレの食である肉を断って、その期間は質素な魚を摂るという習慣を持っていた。

中でも四旬節の期間、金曜日には保存食としてはイワシ、ニシンなどの青みの魚が多く用いられていたが、タコという点がいかにもギリシャらしい。もちろん、この期間以外でもタコは実によく食べられている。

古代の祭司の残影がここに見出される、というのはいささか誇大妄想的であるかもしれないが、少なくともタコに育まれたタコ食の伝統がここまで生きている証しとなるのではないか。

日本とギリシャ、広大なユーラシア大陸を挟んで地中海と東アジア地中海とも呼ぶべき日本近海に暮らす両者は、東西タコ食い民族の代表なのであろう。

このように地域を越えて、タコを食する文化の中では、陸に糧を求めて生活をする農民はタコの姿を農作物に例え、海に糧を求める漁師もまた海の幸としてタコを利用し続けてきた。そして、互いの関係が言葉、民話を含めて残ってきた。洋の東西問わず、タコ食は祭礼と関わる特別なハレのものなのである。

食べ物としてのタコだが、タコは底物の生物であり、人との共通性もあることから、豊かな海の象徴として、漁がおこなわれ、利用され、またもタコとの関係が語り続けられたのである。

おわりに

日本人にとっての馴染みのあるタコを考古学、民族学的な視点を含めて日本を中心にして世界的に考えてみた。

タコは実に面白い生き物である。そのファジーさゆえに様々な解釈を生んだものなのだろう。

タコのことを調べているというだけで、人の反応も実に面白い。

ここではタコを獲って生活の糧をうる話、タコと人との関係から生みだされた話をまとめて考えてみた。獲るということに関しては、もちろん様々なやり方があるのだが、そのいくつかに絞って話を進めた。

実際、タコのように民族によって好き嫌いが分かれる生き物を対象に選んで調査して見ると、実に興味深いと思う。対応を考えることによって、文化的違いを探ることもできる。

今回そのタコの話を人との関連から生業、そしてタコにまつわるという生活の側面から検討してみた。

内容から見ると、生業に関しての話が大きなウェイトを占めている。この書の話は従来のジャンルで言うと、考古学、民族学、民具学、民俗学の分野ということになろうが、私はこのような分類にこだわるつもりはない。あくまでタコと人の文化の在り方という点について総合的に検討した。

そういう性格なので、考古学的な点で物質文化であるモノについての記載も必要と思われる点を除いて概略に留めているが、その点は原典の論文をお読みいただくということでご勘弁願いたい。この小著も筆者の遅筆とも相まって仕上げまでにかなり長期間かかってしまった。その後、機会を設けて今日まで再調査をやっているのだが、漏れなどがあったらお許しいただき、ぜひご教示をお願いしたい。

本書を書くにあたり、各地にある諸機関、また諸先生方々には資料調査のご便宜をいただいた。それからとくに、現地調査を第一と考える私なので、各地域の漁師、魚屋の方々にもお礼を申しあげたい。中には洋の東西を問わず、忙しいにもかかわらず、おじゃまをして話をじっくりと聞かせていただいたし、実際に舟に便乗して漁を見学する機会をいただいたこともある。また、大事な道具を快く譲っていただき、ゆっくりと調査することもできた。お名前を聞かなかった方も多数あり、ご迷惑をかけたことも多いし、私の力不足で聞き取り間違えて理解したこともあるかもしれない。私が訪れたすべての地域の方々に深く感謝いたします。また、今回も出版をしていただいた弦書房の小野静男氏にお礼を申し上げます。

平川敬治

〈主要関連文献〉

秋道智彌（一九七一）「伝統的漁撈における技能の研究―下北半島・大間のババカレイ漁―」『国立民族学博物館研究報告』二―四、国立民族学博物館

同右（一九八二）「ミクロネシアのタコ文化―ヨーロッパと日本のはざまで」『アニマ』一一、平凡社：東京。

同右（一九八四）『魚と文化』海鳴社

同右（一九八八）『海人の民族学』日本放送出版協会

秋山高志・林英夫・前村松夫・三浦圭一編（一九八一）『図録山漁村生活史事典』柏書房

朝日新聞社事典編集室編（一九七五）『朝日＝ラルース世界動物百科』一二―一無脊椎動物Ⅱ、朝日新聞社

尼崎貞子・森浩一（一九八五）「東播磨のタコ壺屋」『技術と民俗（上）＝海と山の生活技術史＝』日本民俗文化大系一三、小学館

Andre Leson (1978) *Je Recolte Au Boad De La Mear*

飯田卓（二〇〇八）『海を生きる技術と知識の民族誌　マダガスカル漁撈社会の生態人類学』世界思想社

石毛直道（一九七一）「タコのかたきうち―ポリネシアの一漁具をめぐって」『季刊人類学』二―四、講談社

泉佐野市教育委員会（一九八二）『泉佐野市文化財調査報告書』I

井上まこと（一九九六）『季語になった魚たち』中央公論社

犬塚幹士（一九八五）「飛島のタコ漁」『技術と民俗（上）＝海と山の生活技術史＝』日本民俗文化大系一三、小学館

家島彦一（一九八四）「チュニジア　ガーベス湾をめぐる漁撈文化」『海上民』東洋経済新報社

印東通子（一九九三）「メラネシア―文化の回廊地帯」『島嶼に生きる』オセアニア①、東京大学出版会

同右（二〇〇二）『オセアニア暮らしの考古学』朝日新聞社

植条則夫（一九九二）『魚たちの風土記』毎日新聞社

内海富士夫（一九七三）『原色日本海岸動物図鑑』（改訂三版）保育社

内田恵太郎（一九七九）『私の魚博物誌』立風書房

宇都宮宏（一九八九）「飯蛸壺形土器の形態分類と分類の表示化」『山口生物』第一六号、山口生物学会

同右（一九八九）「山口県周防灘沿岸の海底、海岸及び窯跡から出土した古墳時代後期の飯蛸壺形土器の形態分類と分類の表示化」『山口生物』第一六号、山口生物学会

海の博物館・財団法人東海水産科学協会編（一九八八）『漁の図鑑』光出版

NHK社会教養部取材班（一九八六）『ぐるっと海道3万キロ②』瀬戸内・北陸編、飛鳥新社

大久保修三（一九九二）「卵を孵化まで守り続ける　ミズダコなど」『動物たちの地球　イカ・タコ・オウムガイほか』六五、朝日新聞社

大阪府文化財センター（一九八〇）『池上遺跡』第二分冊土器編、大阪府文化財センター

大阪府文化財センター（一九九三）『田山遺跡』大阪府文化財センター

大島襄二編著（一九七七）『魚と人と海』、日本放送出版協会

大野左千夫（一九八一）「漁撈」『三世紀の考古学』中巻三世紀の遺跡と遺物、学生社

小川博（一九八二）「海人雑考」『稲・舟・祭』六興出版社

奥谷喬司（一九八三）「世界のイカ・タコ」『漁撈の文化』週刊朝日百科世界の食べものテーマ篇⑥、朝日新聞社
奥谷喬司（一九九二）「タコの仲間たち」『動物たちの地球　イカ・タコ・オウムガイほか』六五、朝日新聞社
奥谷喬司・神崎宣武編著（一九九四）『タコはなぜ元気なかの』草思社
小野田市教育委員会（一九八五）『小野田松山窯』小野田市埋蔵文化財調査報告書第一集、小野田市教育委員会
香川県教育委員会（一九九〇）『瀬戸大橋建設に伴う文化財調査報告』ＶⅡ　下川津遺跡―第二分冊―、香川県教育委員会
勝部直達編（一九七八）『鉄鈎図譜解題』渓水社
勝本町漁業史作成委員会（一九八〇）『勝本町漁業史』勝本町漁業協同組合
金田禎之（一九八三）『日本漁具・漁法図説』成山堂
金田尚志（一九八九）「タコ」『図説江戸時代食生活事典』雄山閣
可児弘明（一九五七）「日本新石器時代人と章魚捕食の一問題（予報）」『史学』三〇―三、三田史学会
川上行蔵（一九八九）「さかなのつけもの」『図説江戸時代食生活史事典』雄山閣
熊谷真美（一九九三）『たこやき』リブロポート
桑原則正（一九九〇）「エーゲ文明期におけるタコ」『地中海文化の旅』河出書房新社
黒板勝美・國史編集會（一九七九）『國史大系　延喜式中篇』吉川弘文館
倉田亨（一九七七）「水産物」『講座比較文化』研究社
Kenneth P. Emory, Willam J. Bonk, Yoshihiko Shinoto (1959) *FishHooks*, BERNICDEPBISHOPMUSEUM PRESS
後藤明（一九九九）『「物言う魚」たち―鰻・蛇の南島神話』小学館
佐賀県教育庁社会教育課（一九六二）『有明海の漁撈習俗』佐賀県文化財調査報告書第十一集、佐賀県教育委員会
桜田勝徳（一九八〇）『漁民の社会と生活』桜田勝徳著作集二、名著出版社
時事通信社水産部（一九九八）『にっぽん魚事情　築地市場からの報告』時事通信社
下條信行（一九八四）「弥生・古墳時代の九州型石錘について」『九州文化史研究所紀要』第二九号、九州文化史研究所
篠崎晃雄（一九九三）『おもしろいサカナの雑学事典』、新人物往来社
篠遠喜彦（一九九三）「ポリネシア文化成立への基盤」『島嶼に生きる』オセアニア①、東京大学出版会
同右／荒俣宏（一九九四）『楽園考古学』平凡社
Sinoto Yoshihiko (1968) *Position of the Marquesas Islands in East Polynesan Prehistory Prehistoric Culuture in Oceania* Bishop Museum Press
主婦と生活社編集部（一九七四）「蛸と日本人」『海底の賢者タコ』クストー・海底探検シリーズ四、主婦と生活社
ジャック＝イブ・クストー・フィリップ・ディオレ／森珠樹訳（一九七四）「蛸と日本人」『海底の賢者タコ』クストー・海底探検シリーズ四、主婦と生活社
末広泰雄（一九六四）『魚と伝説』新潮社
鈴木克美（一九七八）『イタリアのタコ壺』東海大学出版会
須藤健一（一九七八）「サンゴ礁海域における磯漁の実態調査中間報告（二）」『国立民族学博物館研究報告』三、国立民族学博

物館
泉南市教育委員会・一九八一、『泉南市文化財調査報告書』第三集、泉南市教育委員会
瀬川清子（一九七五）『日間賀島・見島民俗誌』未来社
瀬川芳則（一九八七）『イモと蛸とコメの文化』松籟社
関谷文吉（一九九〇）『美味礼讃』、中央公論社
高木正人（一九八九）『有明・玄海のさかな』Ⅱ、自家本
高桑守史（一九八四）「伝統的漁民の類型化にむけて―漁撈民俗研究への一試論」『国立歴史民俗博物館研究報告』第四集、国立歴史民俗博物館
高橋克夫（一九七八）『瀬戸内海及び周辺地域の漁撈習俗』瀬戸内海歴史民俗資料館
同右（一九八五）「瀬戸内のタコ壺」『技術と民俗（上）＝海と山の生活技術史＝』日本民俗文化大系一三、小学館
高山純「オセアニアのタコ釣具とその起源説話について」『季刊人類学』九―四、講談社
高山純（一九九三）「ミクロネシア先史文化の成立過程」「ポリネシア文化成立への基盤」『島嶼に生きる』オセアニア①、東京大学出版会
田口一夫（二〇〇四）『黒マグロはローマ人のグルメ』成山堂
田辺悟（一九七三）「日本の海士・海女」『月刊文化財』一一八
田辺悟（一九八四）「民具研究の方法―鎖状連結法―」『民具研究』五三、日本民具学会
近森正（一九八八）『サンゴ礁の民族考古学』雄山閣
知的生活追跡班編（二〇〇〇）『魚の雑学』青春出版社
DEDICATED TO THE PERPETUATION OF THE SKILIS, CRAFTS, &LEGENDS OF OLD HAWAII (1973) *The Hawaiiana Award Handbook*, PUBLISHEAD&PRINTED BY ALOHA COUNCIL, BOY SCOUTS OF AMERICAHONOLULU,HAWAII
中国海洋漁具図集編写編（一九八九）『中国海洋漁具図集』浙江省科学技術出版社
辻井善弥（一九七七）『磯漁の話』北斗書房
塚田孝雄（一九九一）『シーザーの晩餐』時事通信社
塚田孝雄（一九九三「ミクロネシアの先史文化の成立過程」『島嶼に生きる』オセアニア①、東京大学出版会
鶴藤鹿忠（一九八五）『聞き書き　岡山の食事』日本の食生活全集三八、農山漁村文化協会
土井卓治・佐藤米司（一九七二）『日本の民俗　岡山』第一法規出版
刀禰勇太郎（一九九四）『蛸』ものと人間の文化史七四、法政大学出版局
直良信夫（一九四七）『古代日本人の食生活』
直良信夫（一九七六）『釣針』ものと人間の文化史一七、法政大学出版局
長辻象平（二〇〇三）『釣魚をめぐる博物誌』角川書店
中川渋（一九八八）「瀬戸内のイイダコ壺とマダコ壺」『縄文・弥生の漁撈文化』季刊考古学第二五号、雄山閣
中村幸昭（一九八六）『マグロは時速一六〇キロで泳ぐ　不思議な海の博物誌』ＰＨＰ研究所
中村利吉（一九七九）『鉄鉤図譜』渓水社
西村朝日太郎（一九七四）『海洋民族学』日本放送出版協会
西口陽一（一九八九）「大阪イイダコ壺」『考古学研究』三六―一、考古学研究会
野池元基（一九九〇）『サンゴの海に生きる　石垣島・白保の暮

らしと自然』農山漁村文化協会
農商務省水産局編纂（一九八三）復刻『日本水産捕採誌』岩崎美術社
野村祐三（一九九八）『どうせ食うなら「ブランド魚」入門』祥伝社
博望子／原田信男訳（一九八八）『料理山海郷』教育社
樋口清之（一九四三）『日本古代産業史』
平川敬治（一九八一）「有明海の漁撈について」『本分貝塚』佐賀県立博物館調査研究書第七集
平川敬治（一九八五）「有明海における貝製イイダコ壺延縄漁」『えとのす』二七、新日本教育図書
平川敬治（一九八八）「悪さをするタコ」『地域文化研究所紀要』第三号、梅光学院大学
平川敬治（一九八八）「タコ手釣り漁における漁撈文化の一側面」『日本民族・文化の生成』永井昌文教授退官記念論文集、六興出版
平川敬治（一九九〇）「日本における貝製飯蛸壺延縄漁」『民族學研究』五五―一、日本民族学会
平川敬治（一九九〇）「網漁における伝統的沈子についての二、三の問題」『九州考古学』六五、九州考古学会
平川敬治（一九九五）「日本におけるマダコ壺の考古学的研究」『九州考古学』第七〇号、九州考古学会
平川敬治（一九九六）「オリエントのフィールドノートから―食のタブーの起源に思うこと」『地域文化研究所紀要』第一一号、梅光女学院大学
平川敬治（一九九六）「ヌルヌル、ベトベト、アカ、シロ、クロ――認識と分類をめぐる世界から――」『ヒト・モノ・コトバの人類学』慶友社
平川敬治（一九九六）「奈良時代以降の漁業」『考古学による日本歴史二　産業Ⅰ』、雄山閣
平川敬治（一九九八）「筑後川流域における食の歴史・民俗学的研究」『助成研究の報告七』味の素食の文化センター
平川敬治（二〇〇一）『カミと食と生業の文化誌』創文社
平川敬治（二〇一一）『魚と人をめぐる文化史』弦書房
平瀬補世・蔀關月（一九七〇）「日本山海名産圖會」『日本庶民生活史料集成』第十巻、三一書房
平原毅（一九九三）『英国大使の博物誌』朝日新聞社
Bryan W. Begley (1979) *TARO IN HAWAII*, The Oriental Publishing Company
兵庫県教育委員会（一九八三）『魚住古窯跡群』兵庫県教育委員会
埋蔵文化財研究会（一九八六）『海の生産用具』埋蔵文化財研究会
埋蔵文化財研究会（二〇〇七）『古墳時代の海人集団を再検討する』、埋蔵文化財研究会
真野修（一九九〇）「播磨灘沿岸における弥生時代の飯蛸壺縄漁」『播磨考古学論叢』、今里幾次先生古稀記念論文集刊行会
MARY CADOGAN (1992) *DIE MEERESFRUCHTE*, XENOS, Hamburg
水口憲哉（一九九四）「器用でかしこく、肌は敏感、大喰らい―不思議な軟体動物、タコの生態」『月刊専門料理』六月号、柴田書店
水流郁郎（一九九一）「タコガナ　経験生かし製作」『かごしまの民具』慶友社

宮本常一・原口虎雄・谷川健一（一九七〇）『日本庶民生活史資料集成』一〇、三一書房
森浩一（一九五〇）「大阪湾の飯蛸壺形土器とその遺跡」『古代学研究』二、古代学協会
森浩一（一九六三）「飯蛸壺形土器と須恵器生産の問題」『近畿古文化論攷』吉川弘文
森浩一（一九八七）「弥生・古墳時代の漁撈・製塩具副葬の意味」『海人の伝統』日本の古代八、中央公論社
矢野憲一（一九八三）『魚の文化誌』講談社
藪内芳彦（一九六三）『トンガ王国探検記』角川書店
山本圭一（一九六九）「備讃瀬戸内海域より引き揚げられたる古式タコ壺について」『物質文化』第一四号、物質文化研究会
吉田禎吾（一九八九）「海のコスモロジー」『歴史における自然』岩波書店
ロジェ・カイヨワ／塚崎幹夫訳（一九七五）『蛸』中央公論社
鷲尾圭司（一九九四）「明石海峡の環境変化と明石ダコの暮らしぶり」『月刊専門料理』六月号、柴田書店
和田晴吾（一九八二）「弥生・古墳時代の漁具」『考古学論考』平凡社

その他、とくに個別に記載しないが、考古学的な調査においては数多くのイイダコ壺などの資料が出土し、県市町村の遺跡発掘調査報告書に記載されている。ここでは直接資料を引用したものは別として、その多くを割愛させていただいた。

〈著者略歴〉

平川敬治（ひらかわ・けいじ）

一九五五年福岡県生まれ。九州大学教育研究センター、NHK福岡文化センター講師などを歴任。岩田屋コミュニティカレッジなどで講師を務める。考古学・地理学・民族学を専攻し、必ず自ら足を運ぶことをモットーに地域の香りのする総合的な比較文化の構築を目指す。主なフィールドは日本を含めた東アジア、西アジア、ヨーロッパで、今日も調査続行中。日本文化人類学会、日本オリエント学会、日本考古学協会会員。

主な著書に『考古学による日本歴史』（共著、雄山閣出版、一九九六）、『カミと食と生業の文化誌』（創文社、二〇〇一）、『遠い空――國分直一、人と学問』（共編、海鳥社、二〇〇六）、『エン・ゲブ遺跡』（共著、LITHON、二〇〇九）『魚と人をめぐる文化史』（弦書房）など。

タコと日本人
――獲（と）る・食（た）べる・祀（まつ）る

二〇一二年五月三〇日発行

著　者　平川敬治（ひらかわけいじ）
発行者　小野静男
発行所　株式会社　弦書房
（〒810・0041）
福岡市中央区大名二-二-四三
ELK大名ビル三〇一
電　話　〇九二・七二六・九八八五
ＦＡＸ　〇九二・七二六・九八八六

印刷・製本　大村印刷株式会社

ISBN978-4-86329-074-7 C0021